周 期 表

<table>
<tr><th>10</th><th>11</th><th>12</th><th>13</th><th>14</th><th>15</th><th>16</th><th>17</th><th>18</th><th>族／周期</th></tr>
<tr><td></td><td></td><td></td><td></td><td></td><td></td><td></td><td></td><td>4.003
2 He
ヘリウム
$1s^2$
24.59</td><td>1</td></tr>
<tr><td></td><td></td><td></td><td>10.81
5 B
ホウ素
[He]$2s^2p^1$
8.30 2.0</td><td>12.01
6 C
炭素
[He]$2s^2p^2$
11.26 2.5</td><td>14.01
7 N
窒素
[He]$2s^2p^3$
14.53 3.0</td><td>16.00
8 O
酸素
[He]$2s^2p^4$
13.62 3.5</td><td>19.00
9 F
フッ素
[He]$2s^2p^5$
17.42 4.0</td><td>20.18
10 Ne
ネオン
[He]$2s^2p^6$
21.56</td><td>2</td></tr>
<tr><td></td><td></td><td></td><td>26.98
13 Al
アルミニウム
[Ne]$3s^2p^1$
5.99 1.5</td><td>28.09
14 Si
ケイ素
[Ne]$3s^2p^2$
8.15 1.8</td><td>30.97
15 P
リン
[Ne]$3s^2p^3$
10.49 2.1</td><td>32.07
16 S
硫黄
[Ne]$3s^2p^4$
10.36 2.5</td><td>35.45
17 Cl
塩素
[Ne]$3s^2p^5$
12.97 3.0</td><td>39.95
18 Ar
アルゴン
[Ne]$3s^2p^6$
15.76</td><td>3</td></tr>
<tr><td>58.69
28 Ni
ニッケル
[Ar]$3d^8 4s^2$
7.64 1.8</td><td>63.55
29 Cu
銅
[Ar]$3d^{10}4s^1$
7.73 1.9</td><td>65.38
30 Zn
亜鉛
[Ar]$3d^{10}4s^2$
9.39 1.6</td><td>69.72
31 Ga
ガリウム
[Ar]$3d^{10}4s^2p^1$
6.00 1.6</td><td>72.63
32 Ge
ゲルマニウム
[Ar]$3d^{10}4s^2p^2$
7.90 1.8</td><td>74.92
33 As
ヒ素
[Ar]$3d^{10}4s^2p^3$
9.81 2.0</td><td>78.97
34 Se
セレン
[Ar]$3d^{10}4s^2p^4$
9.75 2.4</td><td>79.90
35 Br
臭素
[Ar]$3d^{10}4s^2p^5$
11.81 2.8</td><td>83.80
36 Kr
クリプトン
[Ar]$3d^{10}4s^2p^6$
14.00 3.0</td><td>4</td></tr>
<tr><td>106.4
46 Pd
パラジウム
[Kr]$4d^{10}$
8.34 2.2</td><td>107.9
47 Ag
銀
[Kr]$4d^{10}5s^1$
7.58 1.9</td><td>112.4
48 Cd
カドミウム
[Kr]$4d^{10}5s^2$
8.99 1.7</td><td>114.8
49 In
インジウム
[Kr]$4d^{10}5s^2p^1$
5.79 1.7</td><td>118.7
50 Sn
スズ
[Kr]$4d^{10}5s^2p^2$
7.34 1.8</td><td>121.8
51 Sb
アンチモン
[Kr]$4d^{10}5s^2p^3$
8.64 1.9</td><td>127.6
52 Te
テルル
[Kr]$4d^{10}5s^2p^4$
9.01 2.1</td><td>126.9
53 I
ヨウ素
[Kr]$4d^{10}5s^2p^5$
10.45 2.5</td><td>131.3
54 Xe
キセノン
[Kr]$4d^{10}5s^2p^6$
12.13 2.7</td><td>5</td></tr>
<tr><td>195.1
78 Pt
白金
[Xe]$4f^{14}5d^9 6s^1$
8.61 2.2</td><td>197.0
79 Au
金
[Xe]$4f^{14}5d^{10}6s^1$
9.23 2.4</td><td>200.6
80 Hg
水銀
[Xe]$4f^{14}5d^{10}6s^2$
10.44 1.9</td><td>204.4
81 Tl
タリウム
[Xe]$4f^{14}5d^{10}6s^2p^1$
6.11 1.8</td><td>207.2
82 Pb
鉛
[Xe]$4f^{14}5d^{10}6s^2p^2$
7.42 1.8</td><td>209.0
83 Bi
ビスマス
[Xe]$4f^{14}5d^{10}6s^2p^3$
7.29 1.9</td><td>(210)
84 Po
ポロニウム
[Xe]$4f^{14}5d^{10}6s^2p^4$
8.42 2.0</td><td>(210)
85 At
アスタチン
[Xe]$4f^{14}5d^{10}6s^2p^5$
9.5 2.2</td><td>(222)
86 Rn
ラドン
[Xe]$4f^{14}5d^{10}6s^2p^6$
10.75</td><td>6</td></tr>
<tr><td>(281)
110 Ds
ダームスタチウム
[Rn]$5f^{14}6d^9 7s^1$</td><td>(280)
111 Rg
レントゲニウム
[Rn]$5f^{14}6d^{10}7s^1$</td><td>(285)
112 Cn
コペルニシウム
[Rn]$5f^{14}6d^{10}7s^2$</td><td>(284)
113 Nh
ニホニウム
[Rn]$5f^{14}6d^{10}7s^2 7p^1$</td><td>(289)
114 Fl
フレロビウム
[Rn]$5f^{14}6d^{10}7s^2 7p^2$</td><td>(288)
115 Mc
モスコビウム
[Rn]$5f^{14}6d^{10}7s^2 7p^3$</td><td>(293)
116 Lv
リバモリウム
[Rn]$5f^{14}6d^{10}7s^2 7p^4$</td><td>(293)
117 Ts
テネシン
[Rn]$5f^{14}6d^{10}7s^2 7p^5$</td><td>(294)
118 Og
オガネソン
[Rn]$5f^{14}6d^{10}7s^2 7p^6$</td><td>7</td></tr>
</table>

<table>
<tr><td>152.0
63 Eu
ユウロピウム
[Xe]$4f^7 6s^2$
5.67 1.2</td><td>157.3
64 Gd
ガドリニウム
[Xe]$4f^7 5d^1 6s^2$
6.15 1.2</td><td>158.9
65 Tb
テルビウム
[Xe]$4f^9 6s^2$
5.86 1.2</td><td>162.5
66 Dy
ジスプロシウム
[Xe]$4f^{10}6s^2$
5.94 1.2</td><td>164.9
67 Ho
ホルミウム
[Xe]$4f^{11}6s^2$
6.02 1.2</td><td>167.3
68 Er
エルビウム
[Xe]$4f^{12}6s^2$
6.11 1.2</td><td>168.9
69 Tm
ツリウム
[Xe]$4f^{13}6s^2$
6.18 1.2</td><td>173.0
70 Yb
イッテルビウム
[Xe]$4f^{14}6s^2$
6.25 1.1</td><td>175.0
71 Lu
ルテチウム
[Xe]$4f^{14}5d^1 6s^2$
5.43 1.2</td><td>ランタノイド</td></tr>
<tr><td>(243)
95 Am
アメリシウム
[Rn]$5f^7 7s^2$
6.0 1.3</td><td>(247)
96 Cm
キュリウム
[Rn]$5f^7 6d^1 7s^2$
6.09 1.3</td><td>(247)
97 Bk
バークリウム
[Rn]$5f^9 7s^2$
6.30 1.3</td><td>(252)
98 Cf
カリホルニウム
[Rn]$5f^{10}7s^2$
6.30 1.3</td><td>(252)
99 Es
アインスタイニウム
[Rn]$5f^{11}7s^2$
6.52 1.3</td><td>(257)
100 Fm
フェルミウム
[Rn]$5f^{12}7s^2$
6.64 1.3</td><td>(258)
101 Md
メンデレビウム
[Rn]$5f^{13}7s^2$
6.74 1.3</td><td>(259)
102 No
ノーベリウム
[Rn]$5f^{14}7s^2$
6.84 1.3</td><td>(262)
103 Lr
ローレンシウム
[Rn]$5f^{14}6d^1 7s^2$</td><td>アクチノイド</td></tr>
</table>

トコトンやさしい
有機化学

矢野将文 著
Masafumi Yano
朝堀響季 イラスト
Hibiki Asahori

化学同人

◆キャラクター紹介◆

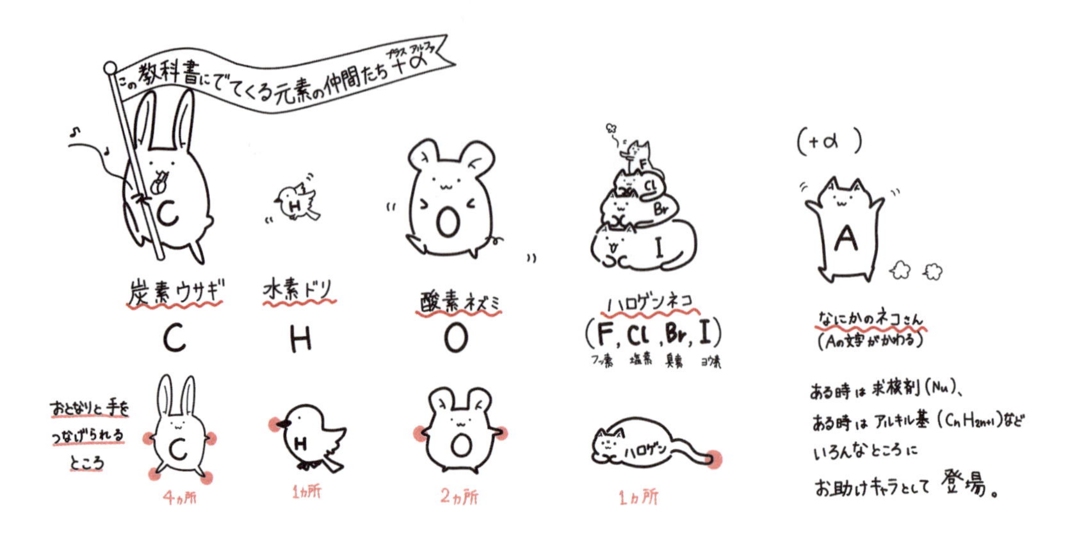

この教科書のイラストは，「かわいらしさ」と「とっつきやすさ」を大切にしながら描きました．それでいて，化学の内容ともしっかり合うようにデザインしています．

私自身は化学が大好きで大学の化学科に進んだので，「わからないことが，わかるようになる」過程も楽しめました．でも，今この教科書を手に取っているあなたの中には，「有機化学なんて好きじゃないのに，単位は取らなきゃ…．でも全然わからない！」と思っている人もいるかもしれませんね．（もちろん，「化学が好き！」という人も，この教科書で有機化学の基礎を楽しく学んでください！）．

そんな「難しい」と思われがちな有機化学の世界に，「炭素ウサギ」をはじめとするこの教科書のキャラクターたちと一緒に飛び込んでみてください．特に大切なポイントをイラストでまとめているので，まずはイラストを眺めてみましょう．イメージがつかめたら，文章も少しずつ読んでみてください．

童話『不思議の国のアリス』のウサギは，アリスを不思議な世界へ迷い込ませましたが，この「炭素ウサギ」はあなたを有機化学の世界に迷わせることなく，一緒に走り抜けてくれるはずです．

さぁ，準備はいいですか？ ようこそ，『トコトンやさしい有機化学』へ！

2025 年 3 月　朝堀響季（イラストレーター）

◆まえがき◆

有機化学は，炭素を中心として水素，酸素，窒素，ハロゲン原子などを含んだ分子の性質や反応機構を研究する化学の一分野です．私たちの身の回りにある食品，医薬品，繊維，化粧品，プラスチックなどは，有機化合物から作られています．このように有機化学は私たちの生活に密接にかかわっています．

この本を手にとってくれた人の中には，高校で化学を学び，さらに大学で有機化学を学び始めた学生さんがいるでしょう．もしくは，ある程度，大学で有機化学を学んだけれど，「あれ？　何かわからなくなってきたぞ？」とつまずきを感じ始めた人かもしれませんね．そんな方々のために，この本では，大学で学ぶ有機化学の基礎の基礎を丁寧に説明することを心がけました．

ここで，みなさんにアドバイス（というよりもお願い）があります．大学の有機化学の学習では，丸暗記はダメです．丸暗記は有機化学をたちまち，つまらなくしてしまいます．高校化学に登場する化合物や，それらを用いた反応はまだ数も少なく，頑張ったら何とか覚えられたかもしれません（でも，面白くないでしょ？）．

しかし，大学の有機化学ではそうはいきません．書店にいくと，上下２冊（あるいは３冊！）のセットになった分厚い教科書が並んでいます．高校時代とは比較にならない量でしょう．どう頑張っても丸暗記できる分量ではありません．

何を書いているのかわからない内容を丸暗記して，最初の試験では単位は何とか取れるかもしれません．でも，あんなに必死になって頭に詰め込んだ化学式や反応式は，休暇中にどこかに消えてしまいます．やがてやってくる新学期には，さらに深く学ぶ有機化学の授業が始まります．「あれ？　これ何だったかな？　まあいいか」と思っている間に講義はどんどん進んで，高校では得意科目だった有機化学がすごく苦手になってしまいます．「みんな，こんな膨大な量，どうやって覚えているの？」と不思議に思うことでしょう．

ここでもう１回，いいます．大学の有機化学は暗記科目ではありません．登場する多くの化合物や反応の背後にある基本的ルールを理解できれば，ちゃんと論理で説明できます．この本では，有機化学を暗記科目にしないための考え方をじっくりと説明しています．簡単に章構成を説明しましょう．

まず構造式の書き方を学び，なぜ数多くの有機化合物が存在するのかを考えます．そして，電気陰性度です．これをきっちり理解すれば，この後の学習がうんと楽になります（１章）．次に化合物をどう分類するか，それらの性質はどのように決まるかのルールを学びます．構造式を見るだけで，沸点の値や，酸性度の強さが予測できたら楽しくなってきますよ（２章）．続いて，分子の立体構造を考えます．これは苦手な人が多いので，階段を踏み外さないようにゆっくり説明しました．紙の上に書かれている構造式が立体に見えるようになってきます（３章）．さて，化学反応は何種類もありますが，これらは共通のルールに従って進行します．ここをしっかりと押さえることができたら，初めて見る反応でも，「生成物はこれかな」と予測できるようになります．丸暗記しなくて済むための便利なツール，「曲がった矢印」を書いてみましょう（４章）．ここまで読めば，基本中の基本の考えが身につきます.

さあ，以降の章ではさまざまな化合物を見ていきます．まずは，二重結合，三重結合をもつアルケン，アルキンです．これらの化合物は高校の化学にも出てきました．しかし高校では，炭素-炭素二重結合への付加反応の途中って，どうなっているか考えたことはなかったでしょう．ここでは「反応の途中の様子を知ったら，丸暗記しなくていいよ」という話をします（5章）．次はベンゼン環をもつ化合物です．これも高校化学で登場しましたね．その際に「ベンゼンは付加反応しません．置換反応が起こります」と学んだと思います．ここでは，なぜそのような違いが現れるのかを説明します（6章）．アルカンにハロゲン原子が結合すれば，さまざまな反応性を示すようになります．この辺りから反応は複雑になってきますが，4章までに学んだ知識を用いれば，暗記することはほとんどありません．「え？　もしかして全部，同じ考え方？」と気がつけばしめたものです（7章）．次はアルコールです．アルコールは身近な化合物ですね．アルコールに含まれるヒドロキシ基は小さな置換基ですが，化合物の性質をガラリと変えてしまいます．どのような仕組みになっているかを学びます（8章）．最後の2章はカルボニル化合物です．さまざまな用語が飛び交い，複雑な反応性を示すように見えますが，基本的な考え方はここまでに学んできた内容で十分です．ここでは，どうしてその位置で反応が起こるのか，どのような場合にその反応が起こるのかなどを丁寧に説明しました．（9，10章）．

この本を通して，「あ，本当だ．ほとんど覚えることはないじゃないか」ということに気づいていただければ幸いです．「もっと詳しく学びたいな」と思ったら，さらに上級の教科書に進んでください．有機化学の学習において，本書が高校と大学の間の橋渡しとなること願っています．

2025年3月　矢野将文

Contents

1章 構造式の書き方と化学結合

~この章で学ぶこと~

まずは有機化学の学習で避けて通れない「異性体」の考え方について学びましょう．有機化合物の表記法はいくつかありますが，それぞれからどのような情報が取り出せるでしょうか．

さらに，高校でも学んだオクテット則による共有結合について説明します．そして，大学で初めて登場する混成軌道の概念を用いて有機化合物の結合を理解していきます．

1.1 まずは構造式を描いてみよう

1.1.1 スタートラインは周期表

有機化学を勉強していくスタートライン，それは本書の見返しにも掲載した**周期表**（periodic table）です．これは高校の教科書にも載っていて，**元素**（element）をその原子番号の順に従って並べた表ですね．現在，周期表には118種類の元素が載っています．

「118種類も，覚えないといけないの？」と思うかもしれませんが，その心配はありません．まえがきでも書いたように，有機化学は暗記の学問ではありません．有機化学を専門としている研究者でも，周期表に載っている元素の半分以上は一度も見たことすらありません．残りの半分も，「一度だけ使ったことがある」ような元素も多いです．学部段階の有機化学の学習で普段使いする元素は以下の通りです．

水素（H），炭素（C），窒素（N），酸素（O），ハロゲン（F, Cl, Br, I）

最も基本になるのは，この8種類だけです．少し学習が進むと，アルカリ金

キーワード

原子価，異性体，分子式，示性式，構造式

▶D. I. Mendelejev

1834～1907，ロシアの科学者．講義用の教科書として著した「化学の原理」の中で元素の分類を試み，これが周期性の発見に繋がった．

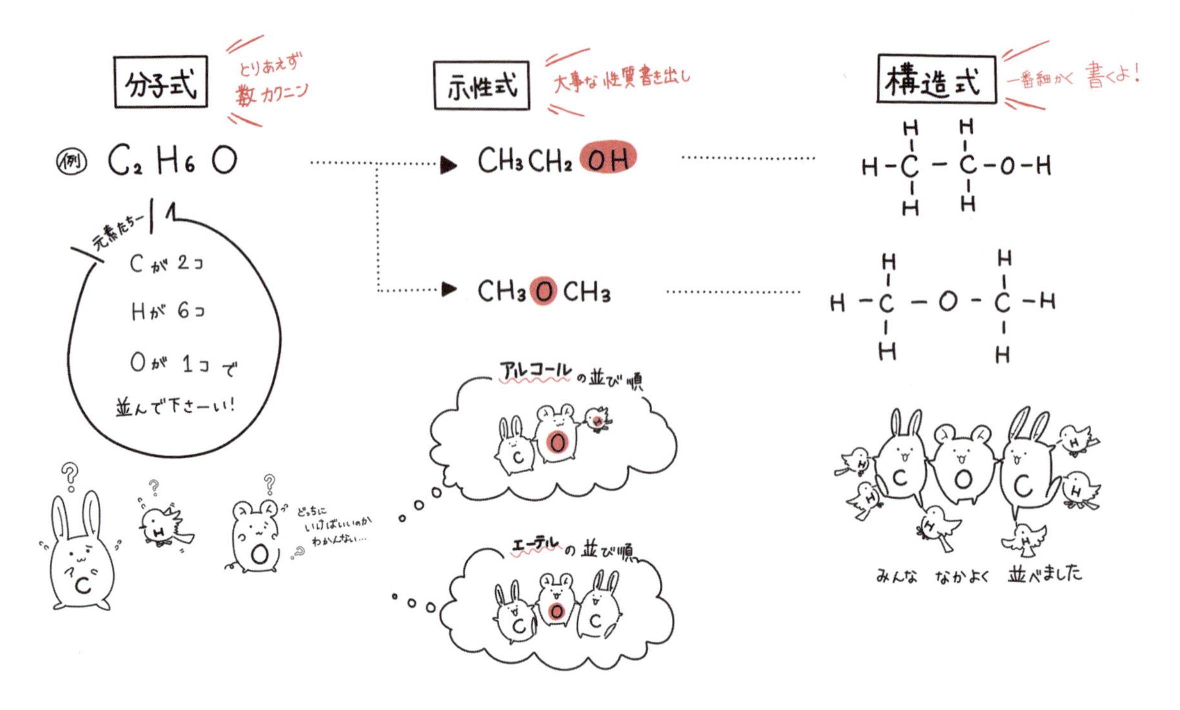

属（Li, Na, K），ホウ素（B），マグネシウム（Mg），アルミニウム（Al），リン（P），硫黄（S）などが加わります．その他の元素は研究レベルで初めて登場する元素です．

1.1.2 原子価は原子の手の数

まず，水素，炭素，酸素だけを使って，分子を組み立てていきましょう．ここで登場する重要な考え方が**原子価**（valence）です．原子価とは「原子が何個の他の原子と結合するかを表す数」です．この値がわからないと，化合物を組み立てていくことができません．それぞれの元素の原子価は次のようになります．

水素（1），炭素（4），酸素（2）

この情報を使って，分子模型を組み立ててみましょう．化学の代表的な分子といえば水（H_2O）を連想する人も多いでしょう．この「H_2O」のようにその分子に含まれる原子の種類と数を示したものを**分子式**（molecular formula）と呼びます．

この分子式から，いくつかの情報を読み取ることができます．たとえば，水分子1つには，水素原子（H）が2つと，酸素原子（O）が1つ含まれていることが読み取れます．さらに，水の分子量（つまり水分子の体重）は，水素（原子量1）が2つ＋酸素（原子量16）が1つで合計18であることがわかります．

1.1.3　原子のつながり方から構造式がわかる

次に，どの原子と，どの原子がつながっているかを考えましょう．上に書いたように，酸素の原子価は2です．これは，酸素原子から伸びている結合の数が2本であることを意味します．一方，水素の原子価は1ですので，水素原子から伸びている結合の数は1本です．その結果，水分子は次の図1.1.1のように表されます．

図1.1.1のように，その分子に何種類の元素がそれぞれいくつ含まれていて，さらにどの原子と原子が結合で結ばれているかを表した図が**構造式**（structural formula）です．水のように単純な構造の分子だと，分子式から容易に構造式を予想できますね．

```
 O
H H
```

図 1.1.1　水分子

では，分子が複雑になっていくと，どうなるでしょうか．次に，最も単純な有機化合物のメタンを考えてみましょう．

メタンの分子式はCH_4で表され，炭素原子が1つ，水素原子が4つ含まれていることがわかりますね．炭素の原子価は4，水素の原子価は1ですので，メタンの構造式は図1.1.2（a）のように表されます．

炭素原子を2つもつエタン（C_2H_6），3つもつプロパン（C_3H_8）は，炭素と炭素の間にも結合ができます（図1.1.2（b），（c））．

```
(a)
  H
  |
H-C-H
  |
  H

(b)
  H H
  | |
H-C-C-H
  | |
  H H

(c)
  H H H
  | | |
H-C-C-C-H
  | | |
  H H H
```

図 1.1.2　単純な有機化合物の構造式
（a）メタン，（b）エタン，（c）プロパン．

1.1.4　分子式は同じでも構造式が違うのが異性体

ここまでは，1つの分子式に対して，構造式も1つでした．ところが，炭素原子を4つもつ化合物（分子式C_4H_{10}）では，炭素原子4つが直線につながった化合物（ブタン）と，枝分かれした化合物（イソブタン）が存在します（図1.1.3）．このように，同一の分子式をもつが，構造が異なる分子のことを**異性体**（isomer）と呼びます．ブタンとイソブタンは異性体の関係にあります．

NOTE 異性体の数
分子式C_4H_{10}のアルカンには2種類の異性体しか存在しない．しかし，C_5H_{12}では3種類，C_6H_{14}では5種類，C_8H_{18}では18種類の異性体が存在できる．このように，分子が大きくなるにつれて，異性体の数は飛躍的に増える．

```
(a)                    (b)      H
                                |
                              H-C-H
                                |
  H H H H                     H | H
  | | | |                     | | |
H-C-C-C-C-H                 H-C-C-C-H
  | | | |                     | | |
  H H H H                     H H H
```

図 1.1.3　炭素を4つもつ2種類の化合物
（a）ブタン，（b）イソブタン．

先に書いたように，有機化合物を構成する元素の種類は非常に少ないのですが，分子式が複雑になる（分子が大きくなる）につれて，採ることのできる異性体の数は急激に増えていきます．この異性体の多さが有機化学の世界を複雑に，かつ多彩にしているのです．

異性体の例をもう1つあげましょう．分子式C_2H_6Oで表される化合物は2つあります（図1.1.4）．1つはC−C−Oの順に結合して，ヒドロキシ基（−OH）

をもつエタノール，もう1つはC−O−Cの順に結合したジメチルエーテルです．

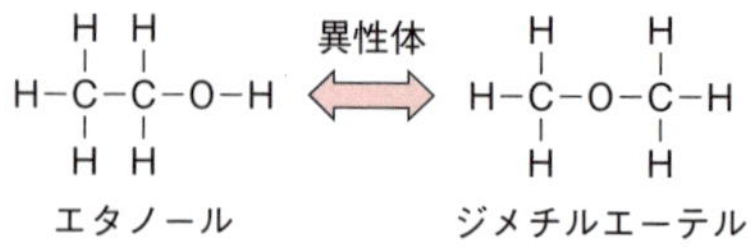

異性体

エタノール　ジメチルエーテル

図 1.1.4 エタノールとジメチルエーテル

この2つの化合物の性質を比較してみましょう．エタノールの沸点は78 ℃，ジメチルエーテルの沸点は −24 ℃と大きく違います．また，エタノールは水とどのような割合でも混ざり合います（無限に溶けます）が，ジメチルエーテルは100 gの水に対して7.1 gしか溶けません．分子式は全く同じ，つまりそれぞれに含まれている原子の種類と数は全く同じであるにもかかわらず，そのつながり方の差によって，化合物の性質が全く異なってきます．

1.1.5 簡単に性質を示すなら示性式

エタノールもジメチルエーテルも分子式は C_2H_6O と同じですので，分子式だけでは，どちらの化合物を指しているかはわかりません．構造式で描くと，どの原子とどの原子がつながっているかがわかりますので，2つの化合物を区別できますが，この書き方はスペースを取ります．

ここでもう一つの表記法である**示性式**（condensed formula）を紹介します．示性式では，その化合物の性質を表す部分を抜き出して表記します．この示性式で表すと，エタノールは CH_3CH_2OH，ジメチルエーテルは CH_3OCH_3 となります．こう書くと，ヒドロキシ基の有無がはっきりとわかりますね．

例題 1.1

（1）ペンタン（C_5H_{12}）の構造異性体を3種類，構造式で書いてみよう．

（2）ヘキサン（C_6H_{14}）の構造異性体を5種類，構造式で書いてみよう．

1.2 共有結合の成り立ち

キーワード

ルイス構造式，価電子，オクテット則，結合電子対，非共有電子対

1.2.1 ルイス構造式

1.1節で見たように，原子と原子が何個か結合して，有機化合物の分子ができあがります．ここで再び，メタンを例に考えてみましょう．メタンの構造式は図1.2.1（a）のように表され，中心の炭素原子から伸びた4本の結合に水素原子が結合していることがわかります．

分子模型を組み立てる際には，原子を表す球と結合を表す棒を組み立てて，分子の形を作っていきますね．では，この結合を表す棒の正体は何でしょうか．

実はこのような棒は実在しません．棒の役割を果たしているのは**結合電子対**（bonding electron pair）です．結合電子対は原子と原子の間に挟まれた2個で1組の電子です．メタンの構造式を描き直してみると，図1.2.1（b）のようになります．このような表記法を**ルイス構造式**（Lewis structure）と呼びます．

(a) H–C–H（上下にH） (b) H:C:H（上下にH）

図 1.2.1 メタン分子
(a) 構造式，(b) ルイス構造式．

▶G. N. Lewis
1875～1946，アメリカの化学者．オクテット則の提唱などの化学結合理論に加え，ルイス酸の概念の確立など，多くの分野でノーベル賞に値する功績があったが，不可解にも受賞には至らなかった．また，実験室で不可解な死を遂げてしまった．

1.2.2 価電子と原子殻

ここで，2個で1組の結合電子対は，炭素原子と水素原子をくっつける糊のような役割を果たしています．この結合電子対はどこから来たのでしょうか．それを理解するためには1.1節でも出てきた原子価の考え方を掘り下げる必要があります．炭素原子の軌道を考えてみましょう．

中心にある炭素の原子核を，**電子殻**（electron shell）と呼ばれる電子が入る空間がいくつか取り囲んでいます（図1.2.2）．それぞれの殻には名前がついていて，内側から順にK殻，L殻，M殻と呼ばれています．

それぞれの殻へ入ることができる電子の最大数は決まっていて，K殻には2個，L殻には8個，M殻には18個まで電子が入ることができます．これらの殻に，よりエネルギーの低い内側の殻から順番に電子が入っていきます．つまり炭素原子のもつ6つの電子は最初に2個の電子がK殻に入った後に，4個の電子がL殻に入ります．

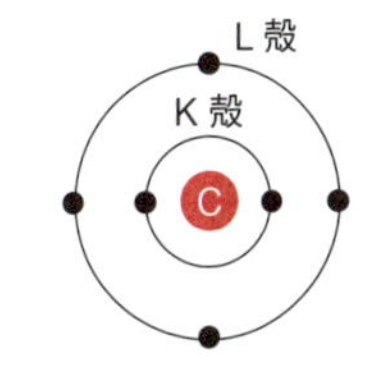

図 1.2.2 炭素原子の原子殻

価電子とは，原子の最外殻にある電子を指します．炭素原子なら，最外殻はL殻ですので，ここに入っている4つの電子が価電子となります．価電子の数はその元素の化学的な性質や反応性を理解するうえで非常に重要な情報です．炭素原子が他の原子と結合を作る際に用いられるのは，この4つの価電子です．K殻に入っている2個の電子は直接，結合生成には参加しません．

次に，メタンのできる様子を見ていきましょう．炭素原子の周りに，この4つの価電子を配置します．図1.2.3（a）に示したように，炭素原子の上下左右に一つずつ置いていきます．その結果，炭素原子の周りには対になっていない電子（不対電子）が4つ現れます．一方，水素原子はK殻に1個だけ電子（不対電子）をもっていますので，これが価電子になります（図1.2.3（b））．

続いて，炭素原子1個の周りに水素原子4つを配置して，図1.2.4の矢印に沿って水素原子を動かすと，電子2個が対になってメタン分子のルイス式になります．つまり，炭素原子と水素原子をつないでいる結合電子対のうち1個は炭素原子，もう1個は水素原子から提供されたものなのです．

(a) ①（上）④・C・②　③（下） (b) H・

図 1.2.3 炭素と水素の価電子
(a) 炭素，(b) 水素．

1.2.3 オクテット則

ここで，それぞれの原子の周りに何個の電子があるかを見ていきましょう．

図1.2.5のように炭素原子の周りの電子は8個，水素原子の周りの電子は2個になります．このように，原子の最外殻電子の数が8個（水素原子は2個）

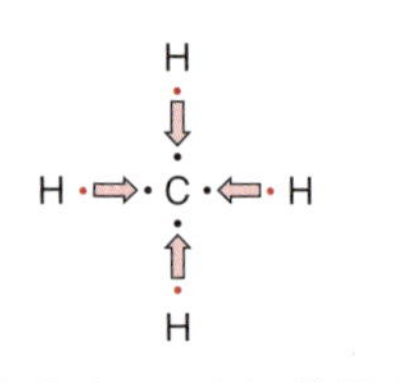

図 1.2.4　メタン分子を作る

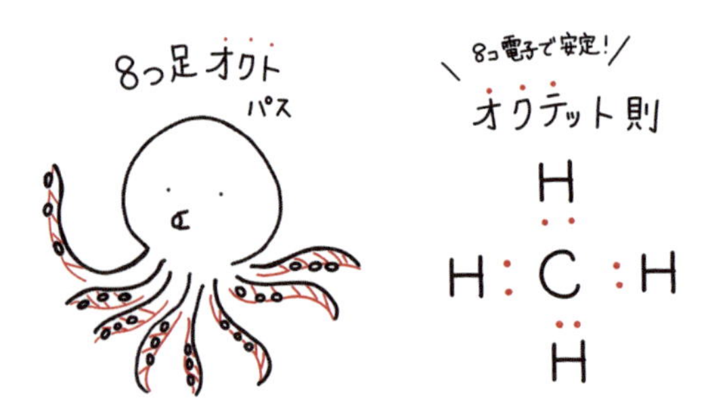

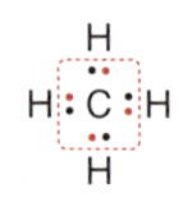

炭素原子の周りの電子は8個

H
H:C:H
H

水素原子の周りの電子は2個

図 1.2.5　原子周りの電子の数

あると化合物やイオンが安定に存在します．この経験則を**オクテット則**（octet rule）と呼びます．

1.2.4　アンモニア分子の場合

それでは次に，アンモニア（NH_3）分子を考えてみましょう．アンモニアは有機化合物ではないですが，考え方はメタンと同じです．

アンモニアは窒素原子から伸びた3本の結合それぞれに水素原子が結合した構造をもちます（図 1.2.6（a））．なぜ，窒素原子は原子価が3（結合の数が3本）なのでしょうか．

窒素原子は7つの電子をもちますが，そのうち価電子はL殻に入っている5つの電子です．窒素原子の周りにこの5つの価電子を配置します．図 1.2.6（b）に示したように，窒素原子の上下左右に1つずつ置いていきます．窒素原子の上下左右に1つずつ電子を置いたら，5つ目の電子は1つ目の電子と並ぶように書きます．この2つの電子は対を成します．ここまでの作業で，窒素原子の周りには不対電子が3つと，対になっている電子が2つ現れます．

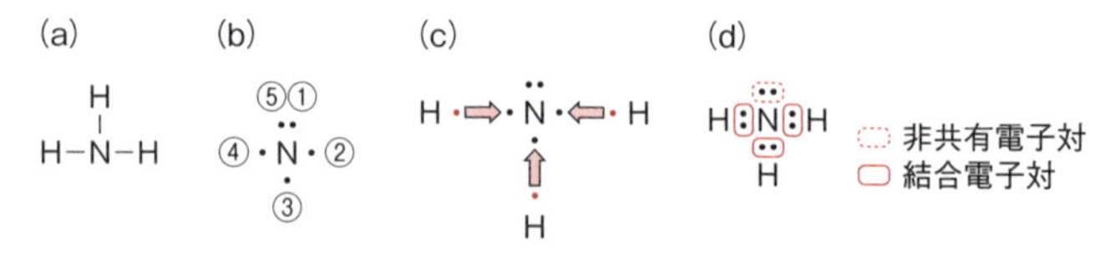

図 1.2.6　アンモニア分子
（a）構造式，（b）窒素の原子価，（c）ルイス式，（d）電子式．

メタン分子を作った場合と同様に，窒素原子1個の周りに水素原子3つを配置して，これらをつなげると，アンモニア分子のルイス式になります．窒素原子と水素原子をつないでいる結合電子対のうち，1つは窒素原子，もう1つは水素原子から提供されたものです．

メタンの場合とは異なり，アンモニア分子の窒素原子の周りには2種類の電子対があります．窒素原子と水素原子に挟まれている2個で1組の電子は結合電子対で，この2つの原子をくっつける役割をもちます．一方，窒素原子の上にあり，結合に参加していない電子対は**非共有電子対**（lone electron pair）と呼ばれます．

アンモニア分子は非共有電子対を１組もつため，アンモニア分子の１つの窒素原子と３つの水素原子は同一平面上にありません．また，アンモニアは求核性（電子の足らないところを攻撃する性質）をもちますが，これも非共有電子対のためです．

化合物の形状，性質，反応性を考えていくうえで，結合電子対，非共有電子対は非常に大事になります．もちろん，普段は原子と原子を棒で結ぶシンプルな表記法で構いませんが，その棒のもつ意味を忘れないようにしてください．また，この表記では現れない非共有電子対の存在も，意識しましょう．

例題 1.2

(1) エタンのルイス構造式を書いてみよう．

(2) メタノールのルイス構造式を書いてみよう．

1.3 混成軌道

キーワード
混成軌道，s 軌道，p 軌道，原子軌道の混ぜ合わせ

1.3.1 sp^3 混成軌道

ここで**混成軌道**（hybrid orbital）という新しい考え方を紹介します．「どうして，そんなことを考えるのかなあ？」と疑問に思うでしょうが，「そのように考えたら，実際の分子の姿をうまく理解できる」程度に思ってもらってかまいません．

まず，混ぜ合わせる前の軌道について簡単に説明します．軌道とは，原子核の周りを取り囲んでいる「電子の入る箱」と考えてください．

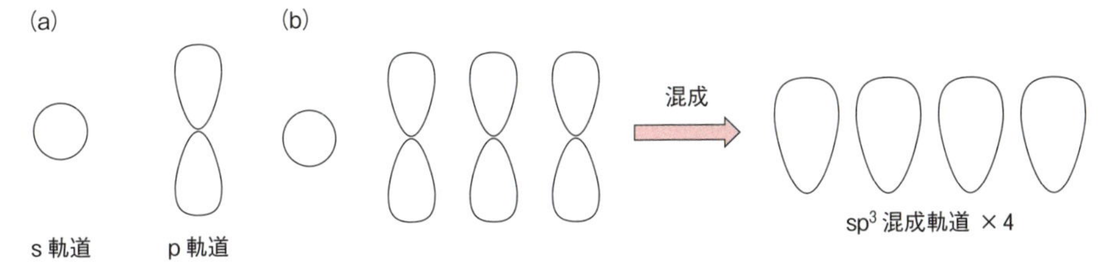

図 1.3.1　混成軌道の考え方
(a) s 軌道と p 軌道，(b) sp^3 混成軌道．

s 軌道は球の形状をもち，原子核を中心にして全方向に球対称に広がっています．これに対して，p 軌道はダンベルの形状をもち，３つあります．これらが混成軌道を作るための材料になります．「混成」とは今ある原子軌道をいくつかもち寄り，それを材料にして混ぜ合わせて，新しい軌道を作ることです．

ここからは炭素原子を例に考えましょう．混ぜ合わせる軌道は s 軌道１つと，p 軌道３つです．これらを混ぜ合わせて，新しい軌道を４つ作ります．この４つの軌道は全く同じです．

図 1.3.2　sp^3 混成軌道の形

この新しくできた4つの軌道を sp^3 混成軌道と呼びます．アルファベットの右上の数字はその軌道をいくつ材料に用いたかを示しています（1つのときは何も書きません）．この場合は，s 軌道1つと p 軌道3つを用いたことがわかりますね．

この4つの軌道は中心の炭素原子から正四面体を作るように伸びていて，（図 1.3.2）四面体構造を取ります．実際，メタンは正四面体構造をもちます．

1.3.2　sp^2 混成軌道

次に s 軌道1つと，p 軌道2つを混ぜ合わせ，p 軌道を1つ残す場合を考えましょう．この場合，sp^2 混成軌道が3つ，使われなかった p 軌道が1つできます．

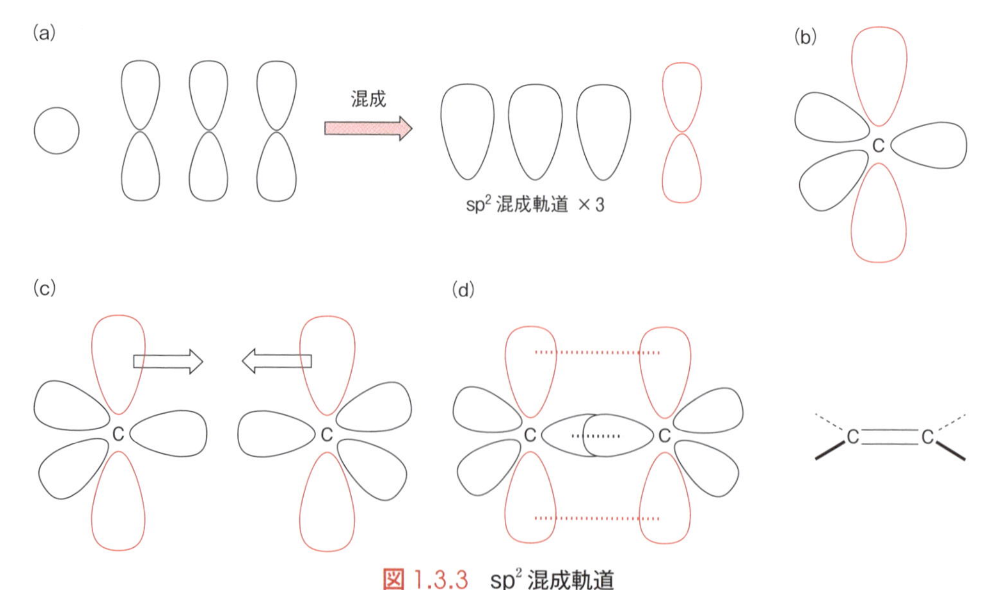

図 1.3.3　sp^2 混成軌道

(a) 成り立ち，(b) 軌道の形，(c) 軌道の結合，(d) 二重結合．

まず，3つのsp^2混成軌道は同一平面にあります．炭素原子を中心にして，正三角形を作るようにsp^2軌道が伸びています．混成に使われなかったp軌道1つはこの正三角形に直交しています（図1.3.3（b）の赤い軌道）．

同じものをもう1つ用意して，向かい合わせに置きます．次に互いにこれを近づけてください（図1.3.3（c））．すると，sp^2混成軌道同士の重なり（σ結合，図の黒破線）と，p軌道同士の重なり（π結合，図の赤破線）ができます（図1.3.3（d））．これが**二重結合**（double bond）です．

中心の原子から二重結合と2本の単結合が伸びている場合，その原子はsp^2混成軌道をもち，平面構造を取ります．代表例はエチレンで，2つの炭素と4つの水素原子はすべて同一平面上にあります．

1.3.3 sp混成軌道

最後にs軌道1つと，p軌道1つを混ぜ合わせ，p軌道を2つ残す場合を考えましょう．この場合，sp混成軌道が2つ，使われなかったp軌道が2つできます（図1.3.4（a））．

2つのsp混成軌道は炭素原子を挟んで直線上にあります（図1.3.4（b）の黒軌道）．混成に使われなかったp軌道の1つめをsp混成軌道に直交させます．さらにp軌道の2つ目は，sp混成軌道および1つ目のp軌道のいずれとも直交させます（図1.3.4（b））．

sp^2混成軌道の場合と同様に，同じものをもう1つ用意して，向かい合わせに置いて，互いにこれを近づけます（図1.3.4（c））．すると，sp混成軌道同士の重なり（σ結合，図1.3.4（d）の黒破線）が1つと，p軌道同士の重なり（π結合，図の赤破線）が2つできます．これが**三重結合**（triple bond）です．

中心の原子から三重結合と1本の単結合が伸びている場合，その原子はsp混成軌道をもち，直線構造を取ります．代表例はアセチレンで，2つの炭素と2つの水素原子はすべて同一直線上にあります．

例題 1.3

矢印で示した炭素原子の混成軌道は，sp^3，sp^2，spのうちのどれでしょうか．

```
  H H         H             H
  | |         |             |
H-C-C-H     H-C-C=C-H     H-C-C≡C-H
  | |         | | |         |
  H H         H H H         H
```

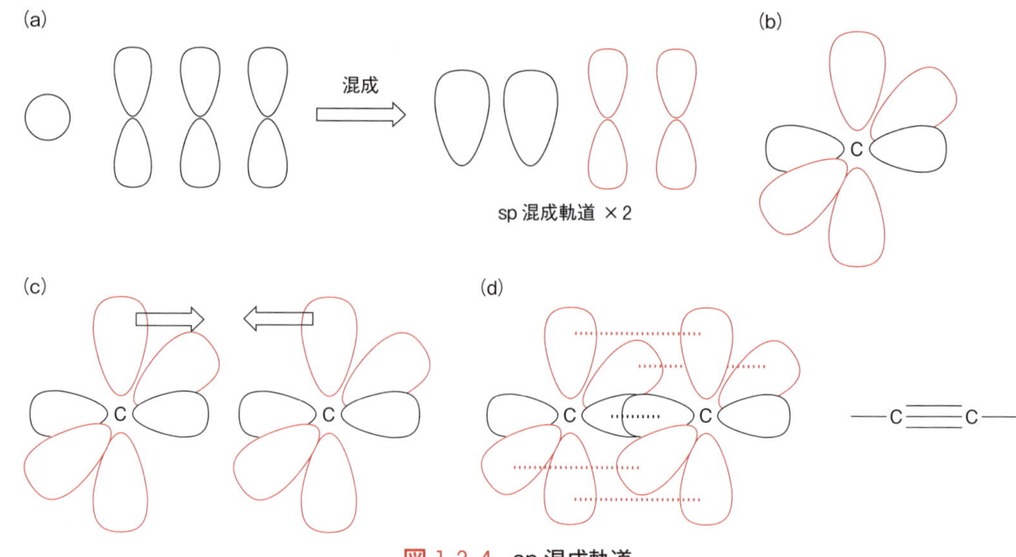

図 1.3.4 sp 混成軌道
(a) 成り立ち, (b) 軌道の形, (c) 軌道の結合, (d) 三重結合.

キーワード
周期表, 結合の分極, 電子を引きつける力の強さ

1.4 電気陰性度

1.4.1 電気陰性度の考え方はとても大事

電気陰性度(electronegativity)という言葉は高校化学でも出てきます. これは, 原子が電子を引きつける力の強さを表す指標です.

この本のまえがきで,「有機化学は暗記科目ではない. これを暗記しようとすると, 有機化学の学習がたちまち辛くなる」と書きました. 暗記科目にせずに, ロジックで有機化学の現象を理解するための最重要ツールがこの電気陰性度の考え方です.

電気陰性度の考え方を適用して, ①分子のどの部分で, どのような反応が起こるかや, ②分子中での電子密度の偏り(分子の極性)を考えることで, その分子の沸点や融点などの物理的性質の予測などが可能になります.

1.4.2 周期表と電気陰性度

見返しの周期表を見てください. 各元素記号の左下に示されている数字がその元素の電気陰性度の値です. なお, これらの数字を暗記する必要はありません. 1.1 節で書いたように, 有機化学で頻繁に登場する元素は数種類しかありません. さらに, その数種類の元素についても, 値だけを丸暗記することは不要です.

知ってほしいのは, 周期表全体を眺めた際に, 電気陰性度の値はどのように変化していくかということです. まず, 周期表上の左右の移動を考えましょう. 第二周期(Li から Ne までの横の列)に注目しましょう. 電気陰性度が最小な

のはLiの1.0です．一方，最大なのはFの4.0です．(最も右の希ガスは無視します)．LiからFの方向に向かって一つずつ元素をたどっていくと，電気陰性度の値が徐々に大きくなっていくことがわかります．第三周期（NaからArまでの横の列）でも，右にいくほど電気陰性度の値は大きくなっていきます．

次に周期表上の上下の移動を考えます．ハロゲン族元素（Fから下へ向かう縦の列）に注目しましょう．このうち，アスタチン（At）とテネシン（Ts）は有機化学には登場しないので無視しましょう．一方，F，Cl，Br，Iの4つの元素は頻繁に有機化学に登場します．このうち，電気陰性度が最小なのはIの2.5です．一方，最大なのはFの4.0です．IからFの方向に向かって元素をたどっていくと，電気陰性度の値が徐々に大きくなっていくことを確認してください．

このように，周期表では「左から右へ」および「下から上へ」移動するにつれて電気陰性度は増加します．繰り返しますが，各元素の電気陰性度の値を覚えても意味はありません．また，電気陰性度の大小を決める要因は非常に複雑なので，ここでは説明しません．

1.4.3 塩化ナトリウムの結晶構造

では，電気陰性度の考え方を使って，塩化ナトリウムの結晶構造を考えてみましょう．塩化ナトリウムは，ナトリウムイオン（Na^+）と塩化物イオン（Cl^-）が規則的に並んだ結晶構造をもちます（図1.4.1）．

NaとClの電気陰性度はそれぞれ0.9と3.0で非常に大きな差があります．このため，Cl原子は，Na原子のもっている電子1個を奪い取り，Cl^-になります．一方，電子を1個失ったNa原子はNa^+になります．そして，Na^+とCl^-の間に働くイオン結合（クーロン力）により，正負の電荷が互いに打ち消しあうようにNa^+とCl^-が規則的に並んだ格子構造を形成します．

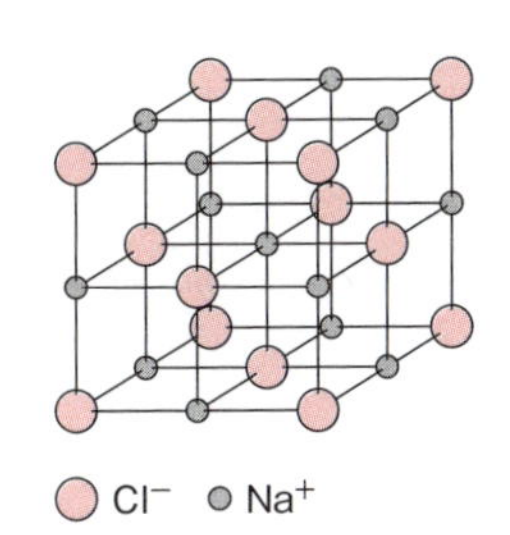

図1.4.1 塩化ナトリウムの結晶構造

1.4.4 結合の分極

次に，電気陰性度が異なる元素が共有結合したら，何が起こるのかを考えていきましょう．今，原子Aと原子Bが共有結合している分子を考えます（図

(a) A−B
(b) A：B
(c) A ：B
(d) $^{\delta+}$A ：B$^{\delta-}$
(e) $^{\delta+}$A−B$^{\delta-}$

図 1.4.2 電子対の偏り

NOTE **なぜδが使われるのか**
デルタ（Δ/δ）はさまざまな科学の分野で使われます．これは difference（差）の頭文字 d がギリシャ文字ではデルタに相当するためです．有機化学の世界では結合の分極を小文字のδで示します．大文字のΔは熱力学の分野でΔHなどの形で登場します．いずれも「増えた/減った分」の意味ですね．

1.4.2 (a))．

AとBは違う種類の原子とします．AとBをつないでいる棒がありますね．この正体はなんでしょうか．先に説明したように実際にこんな棒があって，AとBに刺さっているわけではありません．AとBをつないでいるのは2つの電子です．原子Aと原子Bの間で共有されている結合電子対が，AとBをくっつける糊の役割をしています．（すごく大事なことなので，もう一度説明しました）．

さてここから先が新しい考え方です．この結合電子対はAとBの間のどこにいるのでしょうか．とりあえず，結合電子対をAとBのちょうど真ん中に書いてみました（図の（b））．

ここで，分子A−Bは電気的に中性で，Bの電気陰性度はAよりも大きいと仮定します．原子Aと原子Bはそれぞれ結合電子対を自分のほうに引っ張り込もうとします．つまり，結合電子対を綱引きするわけです．BはAより大きな電気陰性度をもつので，Aよりも強い力で結合電子対を引っ張ります．この様子を図の（c）に示しました．結合電子対は原子B側に偏っていますね．

この結果，何が起こるでしょうか．分子A−Bは電気的に中性と仮定しましたので，分子全体で考えたら，電荷はプラスマイナスゼロです．次に，分子の一部を見ていくとどうなるでしょう．原子Bは電子対を引き込んでいますので，Bの周辺は電子が余っていて，少しだけマイナス電荷を帯びます．これをδ-と表します（図の（d））．

一方，原子Aは，原子Bに電子対をもっていかれたので，Aの周辺は電子が足りない状態になります．これをδ＋と表します．最後に，結合電子対を結合に書き直しましょう（図の（e））．このほうが，「AとBがつながっている」とイメージしやすいですからね．

図（e）をもう一度見てください．分子A−Bは全体では電気的に中性です．しかし，AとBの電気陰性度が異なるので，Bの周辺がちょっとだけマイナス電荷を，Aの周辺がちょっとだけプラス電荷を帯びます．これが結合の**分極**（polarization）です．「それぞれの化合物のどこに電子が偏っているか」は暗記することではありません．電気陰性度の考え方を適用して，「結合電子対の綱引き」を考えればよいのです．

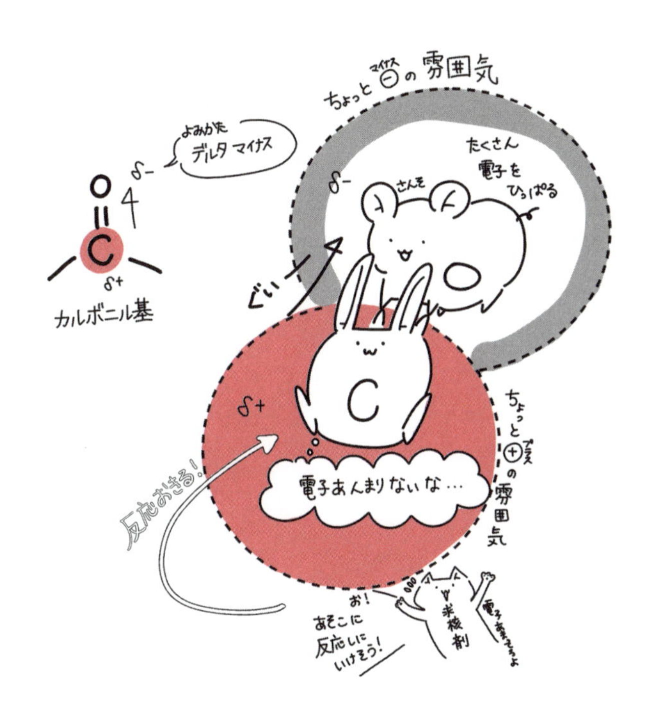

たとえば，水素原子は電気陰性度が小さいため，電子を引きつける力が弱いです．一方，酸素原子は電気陰性度が大きいため，電子を引きつける力が強いです．そのため水分子（H_2O）では，酸素原子は電子を強く引きつけるため，水素原子がもつ電子対を酸素原子側に引き寄せます．この結果，水分子は分子内で極性をもつようになります．

例題 1.4

次の (a)～(c) の分子中の矢印で示した結合の分極を考え，δ^+，δ^- を書き込もう．

(a) H−Br　(b) H−O−H　(c) H_3C−OH

2章 有機化合物の命名法と物理的性質

～この章で学ぶこと～

有機化学を理解するためには，まず有機化合物をグループに分けて見ていくことが必要です．有機分子は原子と原子が繋がってできあがり，どのような原子がどのように繋がるかによって，化合物の性質が決まります．この章では，化合物のグループを具体的にいくつか見ていきましょう．

2.1 化合物のファミリー

キーワード
有機化合物の分類，官能基，構造と性質の関係

2.1.1 アルカン

炭素と水素のみからできている化合物を**炭化水素**（hydrocarbon）と呼びます．そのうち，炭素原子と炭素原子がすべて単結合でつながった骨格に水素原子が結合した化合物が**アルカン**（alkane）です．炭素骨格が真っ直ぐなものを直鎖アルカン，枝分かれしているものを分岐アルカン，環状に繋がっているものをシクロアルカンと呼びます．

一般的に反応性に乏しいですが，燃料として用いられます．身近なところでは，天然ガス，ライターのガス，ろうそくの主成分が挙げられます．

非常に単純な化合物ですが，命名法のマスターも，反応性の理解も，このアルカンが最も基本となります．

▶アルカン
炭素と水素のみからなり，炭素-炭素結合はすべて単結合の化合物．

例：
```
    H  H
    |  |
  H-C--C-H
    |  |
    H  H
```

2.1.2 アルケン

アルカンの骨格に二重結合が入った化合物が**アルケン**（alkene）です．アルカンと同様に，直鎖アルケン，分岐アルケン，シクロアルケンがあります．

二重結合は付加反応を起こしやすく，さまざまな原子が結合します．そのた

▶アルケン
炭素と水素のみからなり，炭素-炭素二重結合をもつ化合物．

例：
```
      H     H
       \   /
        C=C
       /   \
  H-C       H
   / \
  H   H
```

め，アルケンを，ハロゲン化アルキルやアルコールなどのさまざまな化合物に変換することができます．

2.1.3　アルキン

▶アルキン
炭素と水素のみからなり，炭素-炭素三重結合をもつ化合物．

例：H-C(H)(H)-C≡C-H

アルカンの骨格に三重結合が入った化合物が**アルキン**（alkyne）です．三重結合も，二重結合と同様に付加反応を起こしやすいです．三重結合に1回，付加が起これば二重結合になり，もう1回，付加反応を起こすことができます．

ここまで，見てきたアルカン，アルケン，アルキンは炭素原子と水素原子のみを含む炭化水素のグループです．ここでもう一つのグループが出てきます．

2.1.4　芳香族化合物

▶芳香族化合物
ある条件（6-2節で学ぶ）を満たす化合物．アルケンとは異なる性質をもつ．

例：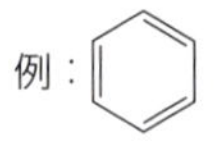

図 2.1.1　ベンゼン

芳香族化合物（aromatic compound）を定義するルールにヒュッケル則がありますが，ここでは触れません（6.2節参照）．今のところ，「ベンゼン環の構造を含むものを芳香族化合物と呼ぶ」と理解していればいいです．

ベンゼンの構造式を見ると，炭素原子と水素原子のみを含み，二重結合をもつように見えます（図2.1.1）．ところが，ベンゼンは付加反応を起こしにくく，代わりに置換反応が起こることが多いです．

なお，「芳香族」と名前がついていますが，芳香族化合物のすべてがいい匂いがするわけではありません．匂いのしないもの，嫌な匂いのするものもあります．

一方，炭化水素のうち，アルカン，アルケン，アルキンのような芳香族でないものは，「脂肪族化合物」と呼びます．

ここまで見てきたグループは，炭素原子と水素原子しか含まない化合物のグループです．続いて，この他の元素を含む化合物のグループを見ていきましょう．

2.1.5　ハロゲン化アルキル

▶ハロゲン化アルキル
アルカンの炭素，水素に加えてハロゲン原子（F，Cl，Br，I）を含む化合物．ハロゲン原子の大きな電気陰性度のため，アルカンとは異なる性質を示す．

例：H-C(H)(H)-C(H)(H)-F
H-C(H)(H)-C(H)(H)-Cl

有機化学の講義でよく登場するハロゲン原子にはフッ素，塩素，臭素，ヨウ素原子があります．これらの原子が周期表のどこにあるかを見てみましょう．周期表の右側から2番目の縦の列（希ガスの列の左）にこれらの原子はいます．そこからわかるように，ハロゲン原子は大きな電気陰性度をもち，マイナス電荷をもったイオンの状態を取りやすいです．

ハロゲン化アルキル（alkyl halide）はアルカンの水素原子をハロゲン原子で置き換えた形が基本です（マージンの例を参照）．このハロゲン原子はマイナスイオン状態になっていて外れやすいため，ハロゲン化アルキルは置換反応や脱離反応を起こします．これについては後の章で出てきます．

2.1.6　アルコール

酸素原子と水素原子が結合した置換基（−OH）を**ヒドロキシ基**（hydroxy group）と呼びます．**アルコール**（alcohol）は，アルカンの水素原子をヒドロキシ基で置き換えた形が基本になります（マージンの例を参照）．

水素原子に比べて酸素原子は非常に電気陰性度が大きいので，ヒドロキシ基の酸素原子は負電荷，水素原子は正電荷を帯びます（結合の極性）．この性質のため，ヒドロキシ基同士は水素結合で引き合うことができます（2.5.6 項参照）．アルコール化合物は一般的に高い沸点をもちますが，それはこの水素結合のためです．

アルコールは身近に存在します．エタノールはお酒に含まれているだけでなく，消毒剤としても用いられています．保湿剤に使われているグリセリンもアルコールの仲間です．

▶アルコール
炭素，水素およびヒドロキシ基からなる化合物．ヒドロキシ基は小さな官能基ですが，この置換基が結合すると化合物の性質は大きく変化します．

```
      H  H
      |  |
例：H−C−C−O−H
      |  |
      H  H
```

2.1.7　エーテル

エーテル（ether）も酸素原子をもつ化合物ですが，アルコールとは少し様子が違います．アルコールは酸素原子に結合した水素原子をもちますが，エーテルでは，酸素原子に結合しているのは 2 つの炭素原子です（マージンの例を参照）．ヒドロキシ基の有無によって，アルコールとエーテルは性質が大きく異なります．

たとえば同じ分子式（つまり同じ分子量）をもつアルコールとエーテルを比較した場合，アルコールのほうがエーテルよりも高沸点になります．また，アルコールのほうがエーテルよりも水によく溶けます．この違いがどこから生まれるかは後の章で学びましょう．

▶エーテル
炭素，水素および酸素原子からなり，C−O−C 結合をもつ化合物．アルコールに似ているが，ヒドロキシ基はもたない．

```
      H     H
      |     |
例：H−C−O−C−H
      |     |
      H     H
```

2.1.8　カルボニル化合物

炭素原子と酸素原子が二重結合で結ばれたカルボニル基（>C=O）をもつのが**カルボニル化合物**（carbonyl compound）です．

カルボニル基からは 2 本の結合が伸びていて，ここにさまざまな置換基が結合します．この際，結合する置換基の種類によって，カルボニル化合物をさらに細かく分類することができます．カルボニル化合物にはアルデヒド，ケトン，カルボン酸，エステル，酸塩化物などがあります．

カルボニル化合物は身近にたくさんあります．お酢の主成分は酢酸ですが，これはカルボン酸の一つです．エステルのいくつかは，果実臭を示します．構造が少し変化するだけで，バナナの香りになったり，青りんごの香りになったりします．化学構造と香りの関係は今でもわからないところが多い分野です．

▶カルボニル化合物
カルボニル基（>C=O）をもつ化合物．カルボニル基から伸びる 2 本の結合にどのような置換基が結合するかでさらに分類される．

```
       H  O
       |  ‖
     H−C−C−O−H
       |
       H
例：
       H  O
       |  ‖
     H−C−C−Cl
       |
       H
```

ここまで，いくつかの化合物のグループを見てきました．もちろん，この他にも化合物のグループはありますが，それらは有機化学の学習が進んでから学

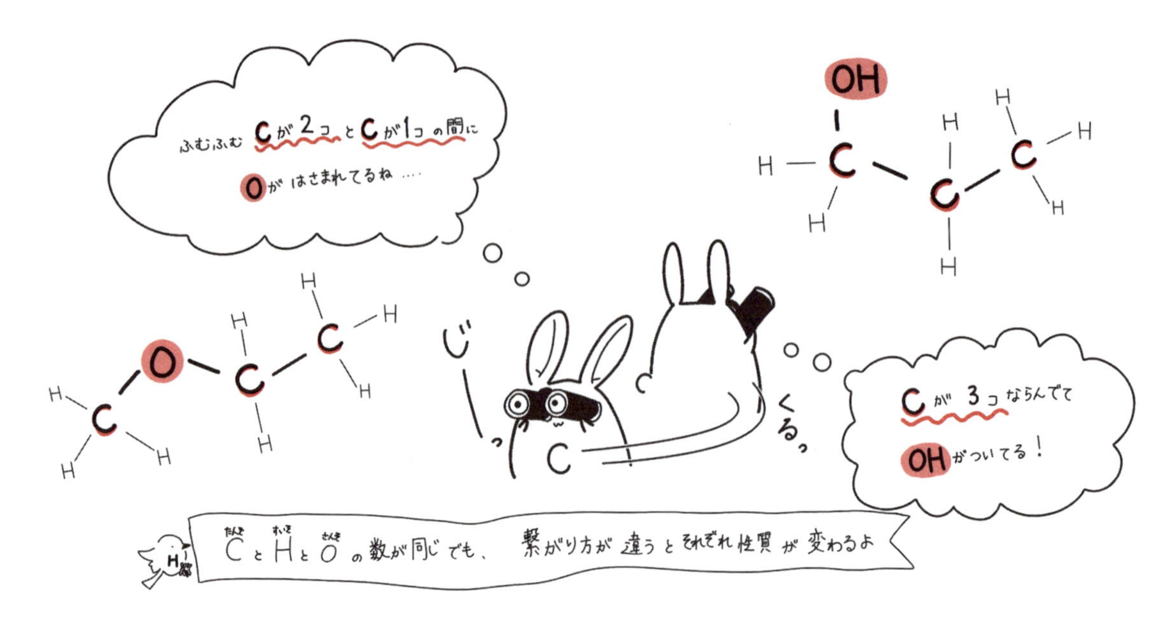

びましょう．有機化学を学習していくうえで大事なことは，構造式から情報を読み取り，その化合物の性質，反応性を予測することです．有機化学は決して丸暗記の学問ではなく，そこには確かなロジックがあります．なぜ，そのような性質，反応性を示すのかは，その分子に含まれている原子の種類，数，繋がり方で決まってきます．

例題 2.1

次の化合物は，アルカン，アルケン，アルキン，ハロゲン化アルキル，アルコール，エーテル，カルボニル化合物のどれか．

```
(1)            (2)          (3)
   H                           H  H
   |                           |  |
 H-C-H        H-C≡C-H        H-C--C-Br
   |                           |  |
   H                           H  H

(4)                    (5)                 (6)
   H  H     H             H  H  H             H  H  O
   |  |     |             |  |  |             |  |  ‖
 H-C--C--O--C-H         H-C--C--C-OH        H-C--C--C-OH
   |  |     |             |  |  |             |  |
   H  H     H             H  H  H             H  H
```

キーワード

慣用名，IUPAC 名，構造異性体，主鎖

2.2 命名法の基礎

ここでは化合物に名前をつけるルールについて説明します．1-1 節で学んだように，分子式が同じでも，数多くの異性体が考えられるケースがあります．これらをきっちりと区別できるようにしておかないと，この後の章で，どの化合物のことをいっているかわからなくなります．

命名のルール，特に IUPAC 名は一見，複雑に見えますが，一歩一歩ステップを踏み外さないように進めていけば大丈夫です．

2.2.1 慣用名

大学の有機化学には数多くの化合物が出てきます．これらの名前のつけ方を学びましょう．一見，複雑そうに見えますが，命名の基本ルールを身につければ，考え方は同じです．まず，化合物の名前には**慣用名**（trivial name）と **IUPAC 名**（IUPAC name）があることを覚えておいてください．

図 2.2.1（a）の化合物の慣用名はトルエンといいます．ベンゼン環にメチル基（$-CH_3$）が結合した化合物です．南アフリカに生えているトルーバルサムという木から取り出されたので，この名前になりました．

トルーバルサム

gbif.org より引用.

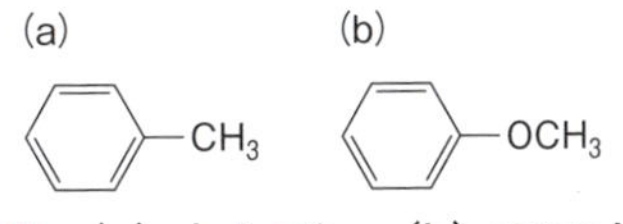

図 2.2.1 (a) トルエン，(b) アニソール.

続いて，図 2.2.1（b）の化合物を考えましょう．ベンゼン環にメトキシ基（$-OCH_3$）が結合した化合物です．この化合物の慣用名はアニソールです．アニス（セリ科の草）の実に似たいい香りがするのでこの名前になりました．

アニス

gbif.org より引用.

この 2 つの化合物の構造を比べると，酸素原子の有無が異なるだけですが，名前は全然違います．「トルエン」の名前から，「アニソール」を想像するのは無理でしょう．

このように慣用名は，その化合物がどこから得られたかなどが由来となることもあり，地名や人名などの固有名詞と同じといえます．化合物の数が増えて

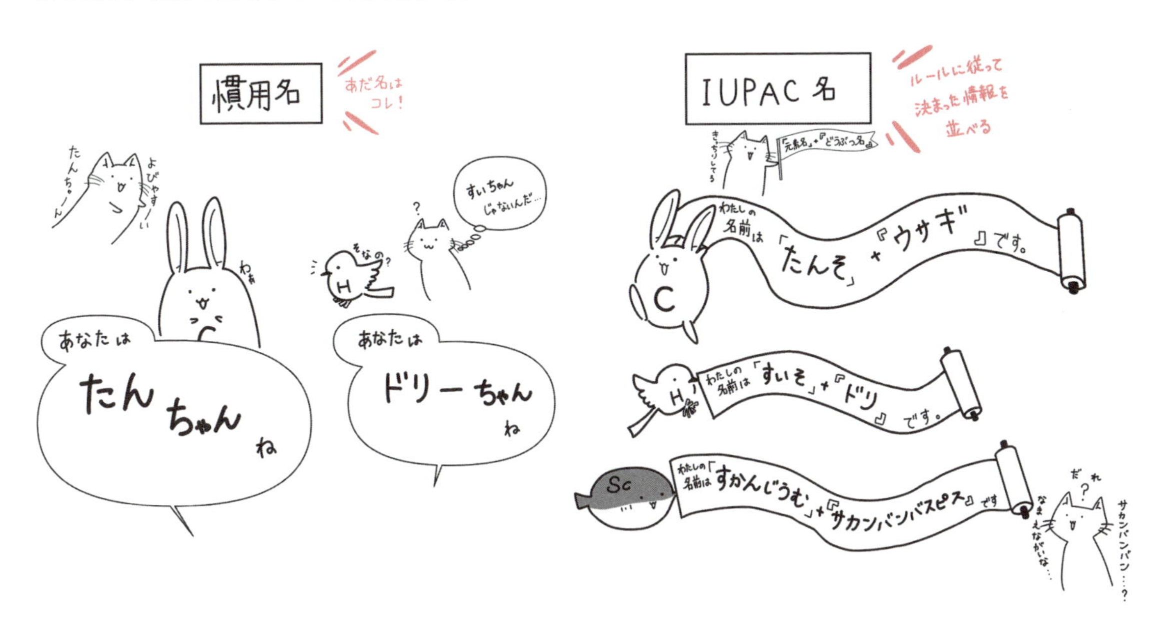

きたらどうなるでしょうか．新しい化合物が見つかるたびに，新しい名前をつけねばなりません．そのようにつけた慣用名は，推測することはできません．すると，化合物の数だけ慣用名を丸暗記しないといけなくなります．これは大変です．

2.2.2　IUPAC名

ここで，もう一つの方法を考えましょう．新しい化合物が見つかってから，固有の名前をつけるのではなく，あらかじめ，どのような化合物でも命名できるようにしっかりしたルールを決めておけばよいのではないでしょうか．それが，IUPAC名です．

IUPACはInternational Union of Pure and Applied Chemistry（国際純正・応用化学連合）の略称で，化学者の国際学術機関です．ここが「化合物の命名はこのルールに従ってくださいね」と取り決めたのがIUPAC命名法です．

IUPAC名で上記の化合物を命名すると，トルエンはメチルベンゼンに，アニソールはメトキシベンゼンになります．これだと，なにやら規則性のようなものが見えてきますね．

慣用名とIUPAC名，どちらが正しいというものではありません．必要に応じて使い分けましょう．では，ここで慣用名とIUPAC名の長所・短所をまとめておきます．

慣用名

長所：複雑な命名規則を理解しなくてもいい．

短所：化合物の数だけ名前を覚えなくてはいけない．

IUPAC名

長所：初めて見る化合物でも規則に従えば命名できる．

短所：複雑な命名規則を最初に理解する必要がある．

2.2.3　炭化水素化合物の名前

それでは，簡単な炭化水素の命名から始めましょう．まず，最も基本となるのが，炭素が真っ直ぐにつながった**直鎖**（straight chain）炭化水素です．

メタン（methane）	CH_4
エタン（ethane）	CH_3CH_3
プロパン（propane）	$CH_3CH_2CH_3$
ブタン（butane）	$CH_3CH_2CH_2CH_3$
ペンタン（pentane）	$CH_3CH_2CH_2CH_2CH_3$
ヘキサン（hexane）	$CH_3CH_2CH_2CH_2CH_2CH_3$

図2.2.2　直鎖炭化水素

図 2.2.2 に炭素数 6 つの化合物まで書き出しました．語源に興味がある人は調べてみてください．有機化学は暗記科目ではないことは繰り返し述べていますが，ここは例外です．この 6 つは暗記してください．

次に炭素原子のつなぎ方を考えましょう．メタンは炭素原子が 1 つなので，炭素原子 1 つに水素原子が 4 つ繋がった構造しかありません．またエタン，プロパンについても，原子の繋がり方のパターンは 1 種類しかありません．では，ブタンではどうでしょうか．炭素原子 4 つのつなぎ方には図 2.2.3 の 2 種類があります．

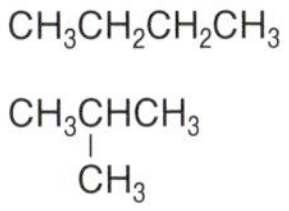

$CH_3CH_2CH_2CH_3$

CH_3CHCH_3（2 位の C に CH_3）

図 2.2.3　ブタンとその異性体

このように炭素数が 4 以上の炭化水素になると，炭素原子同士の繋ぎ方が複数，出てきます．上の化合物を下の化合物にするためには，いったん結合を切って，繋ぎ直さないといけませんので，この 2 つは異なる化合物ですね．つまり，C_4H_{10} の分子式をもつ炭化水素には 2 種類の異性体があるので，区別して命名しないといけません．

慣用名だと上の真っ直ぐに炭素がつながった化合物は「ブタン」です．これは先程も出てきました．真っ直ぐつながっていることを強調するために，接頭語「ノルマル（*n*-）」をつけて *n*-ブタンと表記することもあります．

下の枝分かれしたほうは接頭語「イソ（iso）」をつけて「イソブタン」と呼びます．接頭語イソは「類似の」という意味です．つまり，「イソブタン」は「ブタンに似ているもの」という意味です．

次に IUPAC 名ではどうなるでしょうか．上の真っ直ぐに炭素が繋がった化合物はやはり「ブタン」です．一方，下の枝分かれしている分子の命名で重要となる考え方が「**主鎖**（main chain）を決める」と「主鎖に番号を打つ」です．順番に考えていきましょう（図 2.2.4）．

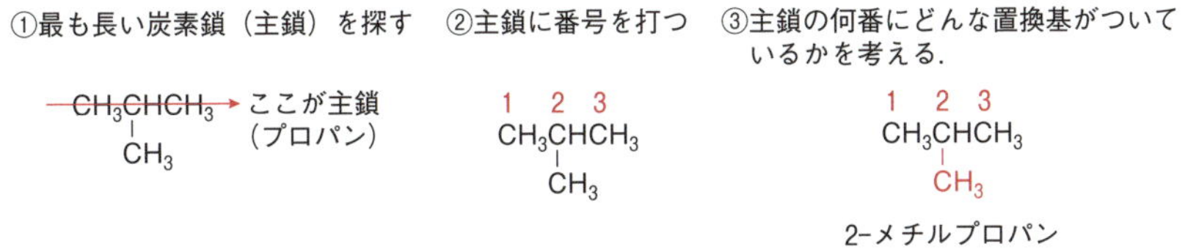

①最も長い炭素鎖（主鎖）を探す

CH_3CHCH_3（2 位の C に CH_3）→ ここが主鎖（プロパン）

②主鎖に番号を打つ

1 2 3
CH_3CHCH_3（2 位の C に CH_3）

③主鎖の何番にどんな置換基がついているかを考える．

1 2 3
CH_3CHCH_3（2 位の C に CH_3）

2-メチルプロパン

図 2.2.4　イソブタンの IUPAC 名のつけ方

まず，炭素原子のみが繋がっていて，最も長い鎖を探してください．この場合の主鎖は C3 のプロパンです（図の①）．

主鎖を決めたらそこに番号をつけていきます．このとき，置換基のついている炭素の番号ができるだけ小さくなるようにしてください（図の②）．

最後に，どの置換基が，主鎖の何番の炭素に結合しているかを考えてください．ここではメチル基（$-CH_3$）が主鎖（プロパン）の 2 番に結合していますので，2-メチルプロパンになります（図の③）．

例題 2.2

次の化合物に IUPAC 名をつけてみよう

(1) $CH_3-CH_2-CH_2-CH_2-CH_3$　(2) $CH_3-CH(CH_3)-CH_2-CH_2-CH_3$　(3) $CH_3-CH_2-CH(CH_3)-CH_2-CH_3$

キーワード

酸解離定数，共役塩基，pK_a，酸解離平衡，酸性度の決まり方

2.3 酸性度の決まり方

化学の世界にはさまざまな酸があります．身近なところではお酢（酢酸）があります．またお酒（エタノール）もごく弱い酸です．また，硫酸の1000倍の強さの酸も存在します．

ここでは酸性度の強さをどのようにして表すか，それはどのようにして決まるかを学びます．さらに構造式から酸性度の強弱を予測する方法も考えます．

2.3.1 酸解離定数

有機化学を勉強するうえで，構造式を読み書きできることは重要です．知識が増えてくると，構造式からさまざまな情報を読み取ることができるようになります．

NOTE **A の意味**
ここでの A は仮の元素や分子を表しています．A の種類によって酸性度，つまりプロトン H^+ の取れやすさが異なります．

$$HA \rightleftharpoons H^+ + A^-$$

図 2.3.1　HA の酸解離平衡

ここでは酸性度，つまりプロトン（H^+）をどれだけ放しやすいかの指標を考えます．まず HA という化合物を考えます．HA は解離して H^+ と A^- が生成します（図 2.3.1）．この際，HA からプロトンが取れた残りの A^- を「(HA の) 共役塩基」と呼びます．

分子中に水素原子があるからといって，それがすべて取れるわけではありません．また，HA が H^+ と A^- になると同時に，この逆のプロセスも起こります．どこかで，左から右に行く速さと，右から左に行く速さが同じになり，見た感じは変化がないように見えます．この状態を**平衡状態** (equilibrium state) と呼びます．

平衡状態に達した際，どの程度，右辺に偏っているか，すなわちどの程度，プロトンが生成しているかで HA の酸性度が決まります．K_a（**酸解離定数** (acid dissociation constant)）を式（2.3.1）のように定義します．[　] はそれぞれの化学種の濃度を意味します．K_a の値は HA が置かれた環境や，A の種類によって変化します．

$$K_a = \frac{[H^+][A^-]}{[HA]} \tag{2.3.1}$$

2.3.2 pK_a の利用

プロトンと共役塩基 A^- の濃度が大きくなるにつれて，すなわち HA の解離

の式が右側に偏るにつれて K_a の値は大きくなります．この K_a の値をそのまま使ってもよいのですが，K_a は化合物によって，100 万以上になったり，0.000000001 以下の値になるので少し使いづらいです．そこで，次のように対数を取った pK_a を使います．

$$pK_a = -\log_{10}\frac{[H^+][A^-]}{[HA]} \tag{2.3.2}$$

自然科学では自然対数（底が e）を用いることが多いですが，ここでは常用対数（底が 10）を用います．また，マイナス符号をつけることを忘れないようにしてください．

K_a は数値が大きいほど酸性度が大きな化合物でしたが，pK_a の場合は，逆になります．pK_a の場合は値が大きいほど，その化合物の酸性度は小さく，pK_a の値が小さくなるほど，より強い酸になります．また，pK_a の値は正の数だけでなく負の数も取り得ます．

NOTE 常用対数と自然対数
常用対数では 10 を何乗すればその数字になるかを考えます．一方，自然対数では e を何乗すればその数字になるかを考えます．この 2 つを区別するために，常用対数を「log」，自然対数を「ln」で示すこともあります．

2.3.3 強い酸と弱い酸

HA が解離して H^+ と A^- になりやすい化合物ほど強い酸であり，より小さな pK_a の値を示すことは理解できましたね．では，どのような条件を満たせば，より強い酸になるのかを考えましょう．

HA が解離する時，解離前（HA）よりも解離後（$H^+ + A^-$）の方がより安定と仮定すると，エネルギー図は図 2.3.2 のようになります．ここで解離の前後の**ギブズエネルギー**（Gibbs Energy）差を ΔG^0 とします．（ΔG^0 は（解離後のエネルギー − 解離前のエネルギーなので，この場合，ΔG^0 は負の値になります）．

上で HA の解離の式 2.3.1 から pK_a の式を誘導しましたが，ΔG^0 と pK_a には次のような関係があります．

$$\Delta G^\circ = -RT\log_e K_a = 2.303\,RT\,pK_a \tag{2.3.3}$$

▶**J. W. Gibbs**
1839～1903，アメリカの物理学者，化学者，数学者．ギブズエネルギーの概念，相律の発見など，熱力学の分野で貢献した．さらに数学の分野でベクトル解析理論を提案し，晩年には統計力学の基礎を固める研究を行った．

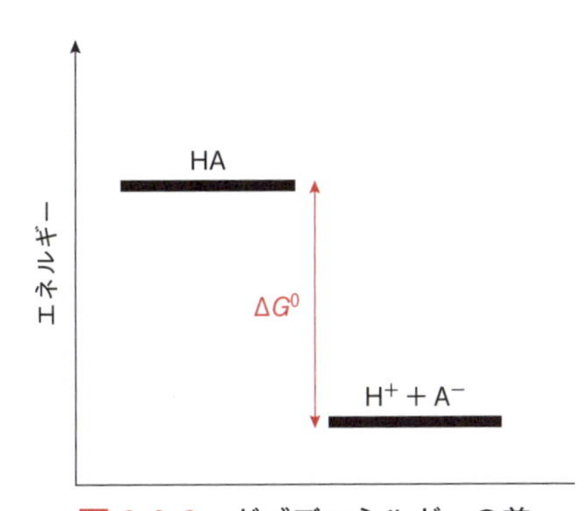

図 2.3.2　ギブズエネルギーの差

複雑な式に見えますが，R は気体定数なので一定，T は絶対温度なので温度が決まれば一定の値になります．さらに係数の 2.303 は自然対数を常用対数にしたときに出てくる値です．ΔG^0 の値がどんどん負になる場合，いい換えれば，「H^+ と A^-」のエネルギーが，HA のエネルギーから見てどんどん下方向へ動いていくに従って，pK_a の値が小さくなります．その結果，HA は酸性度が大きくなります．

エネルギー図の左の状態と右の状態とを比較して，「どちらが居心地がよいか」でこの平衡は決まります．われわれと同じで，より居心地のよい（エネルギー的に安定な）状態が与えられたら，そちらに自然と流れていきます．

2.3.4　分子の形と酸の強弱の関係

ここまでが酸性度がどのようにして決まるかの説明です．ここからは，具体的な例を見ながら，分子構造と酸性度の関係を理解していきましょう（図 2.3.3）．２つの化合物の構造式と pK_a の値を示しました．上が酢酸，下がフルオロ酢酸です．まず，より強い酸はどちらでしょうか．pK_a が小さいほうがより強い酸ですから，フルオロ酢酸のほうが強酸です．

	pK_a
$H_3C-C(=O)-OH$	4.8
$F-CH_2-C(=O)-OH$	2.6

図 2.3.3　酢酸とフルオロ酢酸の pK_a の比較

構造式を比較すると，フッ素原子が１つついているかどうかの違いだけです．このフッ素原子が酸性度を上げていると考えられます．フッ素原子の役割を理解するために必要なのは，置換基の電子的効果です．まず，図 2.3.4（a）のようなモデルを考えます．

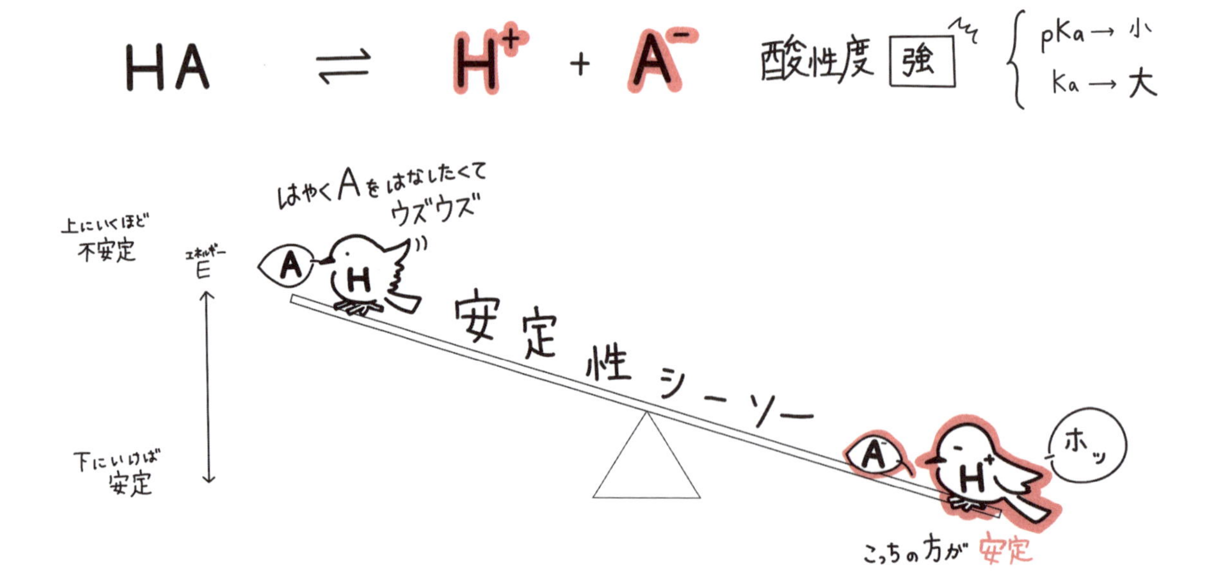

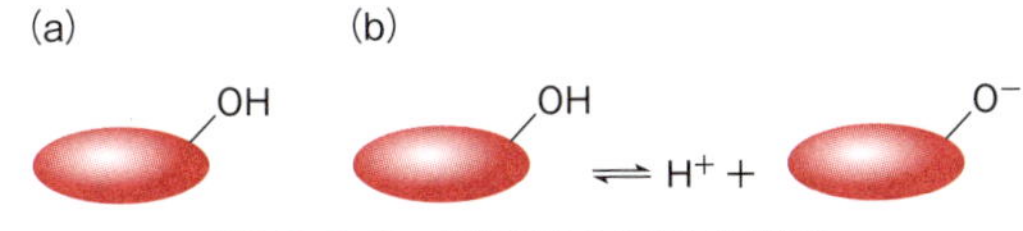

図 2.3.4　置換基の電子的効果
(a) 母骨格，(b) 共役塩基の生成．

赤い楕円の部分を「母骨格」としましょう．ここはベンゼン環でも，メチル基でも，もっと大きい構造でもいいですが，「一定の大きさをもった骨格」くらいに思っておいてください．ここからヒドロキシ基（−OH）が伸びています．

このヒドロキシ基が解離して，プロトンが放出され，同時に共役塩基が生成します（図 2.3.4（b））．

この平衡が右に偏るほど，酸性度は大きくなります．このとき，酸性度には赤く示した母骨格の構造に大きく依存します．

次に置換基 R をもった母骨格を考えましょう．置換基の種類によって，電子的効果は大きく 2 つに分けられます．1 つめは**電子供与性基**（electron-donating group）で，この場合，置換基から母骨格に電子が押し込まれ，その結果，母骨格の電子密度は上がります（図 2.3.5（a））．

(a) 電子供与性基：置換基から母骨格に電子が流れ込む

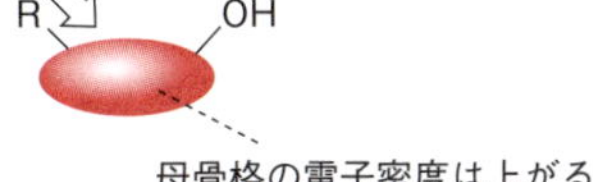

母骨格の電子密度は上がる

(b) 電子求引性基：母骨格から置換基に電子が流れ込む

R　OH

母骨格の電子密度は下がる

図 2.3.5　(a) 電子供与性基，(b) 電子吸引性基．

もう 1 つが**電子求引性基**（electron-withdrawing group）で，母骨格から置換基に電子が引き込まれ，その結果，母骨格の電子密度は下がります（図 2.3.5（b））．

置換基 R が電子供与性の場合，R から母骨格に電子が押し込まれます．さらに，結合を通して，酸素原子上の電子密度も上昇させます（図 2.3.6）．その結果，プロトンと共役塩基は，より結合しやすくなります．すると平衡は左に偏り，この化合物はプロトンを放出しにくく，つまり，より弱い酸になります．

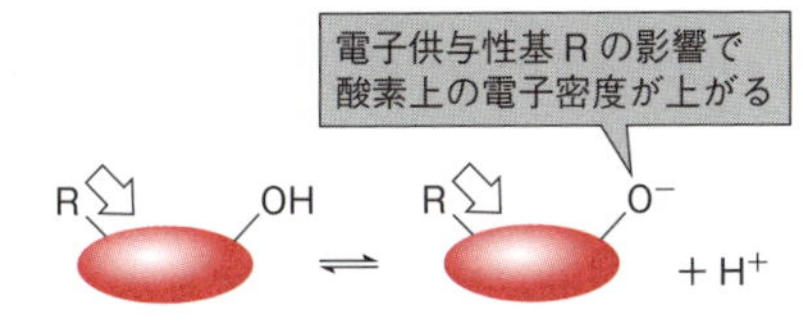

図 2.3.6　電子供与性基による酸性度の変化

一方，置換基Rが電子求引性の場合，Rに電子が引き込まれ，酸素原子上の電子密度も下がります（図2.3.7）．この場合は，プロトンと共役塩基は，より結合しにくくなりますので，平衡は右に偏り，この化合物は，プロトンを放出しやすく，つまり，より強い酸になります．

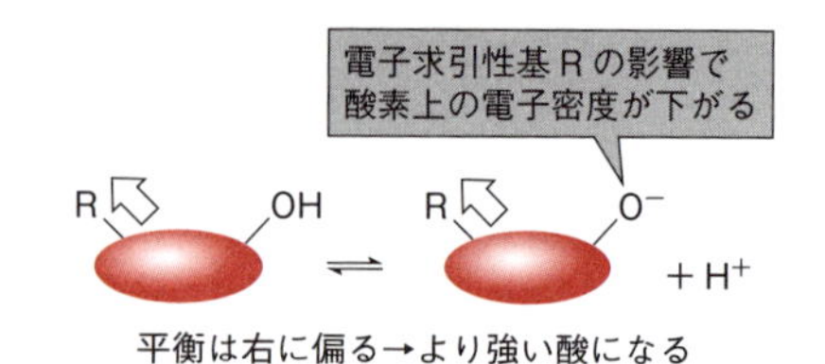

図2.3.7 電子求引性基による酸性度の変化

置換基Rの電子供与性もしくは求引性の程度が大きいほど，効果は大きく現れます．酢酸とフルオロ酢酸の比較に戻りましょう．フッ素原子は非常に大きな電気陰性度をもち，電子求引性となります．フッ素原子は結合を介して，酸素上の電子密度を効果的に下げ，プロトンを放出しやすくします．そのため，フルオロ酢酸のほうが，酢酸より強い酸になります．

例題2.3

次に示すそれぞれ2つの化合物のうち，より強酸なのはどちらでしょうか．

(1)

$CH_3{-}C({=}O){-}OH$　pK_a = 4.8　　$CH_3{-}CH_2{-}OH$　pK_a = 16

(2)

$CH_3{-}C({=}O){-}OH$　pK_a = 4.8　　$CH_2(Cl){-}C({=}O){-}OH$　pK_a = 2.9

NOTE モーメント

「モーメント」という言葉の意味を調べてみると，「ある点を中心として運動を起こす能力の大きさを表す物理量」のような，よくわからない説明が出てくると思います．ここでは「双極子モーメントとは，プラス電荷とマイナス電荷の偏りがどっち向きに，どの程度大きいかを示すもの」と理解してください．

キーワード

電気陰性度，結合の分極，双極子モーメント，ベクトルの和，極性/無極性分子

2.4 双極子モーメント

電気陰性度の異なる原子が結合すれば，結合電子対の偏り（結合の分極）が生まれます．そして分子中に電子の余っている箇所と，電子の足らない箇所が現れます．ここで，双極子モーメントという考え方を用いて，分子全体では，どのような電荷の偏りが現れるかを考えましょう．一つひとつ新しい考え方を積み重ねていけば，構造式から，その分子のさまざまな性質を予測することができるようになります．

2.4.1 分子の極性

ここで**双極子モーメント**（dipole moment）の考え方を説明します．1.4節で説明しましたが，異なる原子が結合すると，それぞれの原子の電気陰性度の大小に応じて，結合電子対の偏りが生じます．これを結合の分極と呼びます．フッ化水素 HF を考えましょう（図 2.4.1）．

(a) H−F　(b) H : F　(c) $\overset{\delta+}{\mathrm{H}}-\overset{\delta-}{\mathrm{F}}$

図 2.4.1　フッ化水素
(a) 構造式，(b) 結合電子対の偏り，(c) 分極．

水素原子とフッ素原子の電気陰性度は，それぞれ 2.2 と 4.0 です．水素原子は周期表の最も左，フッ素原子は希ガスの隣なので，このように大きな電気陰性度の差が生じます．そのような原子同士が結合したフッ化水素では，水素原子とフッ素原子を繋ぐ結合電子対は，フッ素原子側に大きく偏っています（図 2.4.1（b））．

その結果，フッ化水素では，フッ素がマイナス電荷を，水素がプラス電荷を帯びます．フッ化水素分子全体では電荷は 0 ですが，分子の一部を見ると電子の余っているところ，足らないところがあります．このようにフッ化水素は極性分子です．

この電荷の偏りを矢印で表現しましょう．電子の足らない側から，電子の余っている側に矢印を引きます．これを双極子モーメントと呼びます（図 2.4.2（a））．

化学の世界では，矢印がいっぱい出てきますので「これは双極子モーメントを意味する矢印ですよ」ということを示すために，矢印の付け根付近に直交する短い線を書きます．

一方，水素原子が 2 個結合した水素分子では，電荷の偏りは生じませんので，双極子モーメントは 0 となります（図 2.4.2（b））．このため，水素分子は無極性分子です．

(a) H−F
(b) H−H

図 2.4.2　双極子モーメント
(a) フッ化水素，(b) 水素．

NOTE ベクトルの足し算
破線で示したベクトル 2 つを足し算すると，実線のベクトルが得られます．

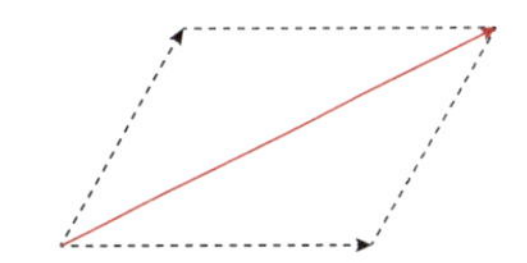

分子全体の双極子モーメントを求めるには，この足し算を三次元の世界で考える必要があります．

2.4.2　メタンの双極子モーメント

もう少し複雑な分子を考えてみましょう．まずはメタンです．1.3.1 項でも見たように，メタン分子を中心にして 4 つの水素原子が正四面体の頂点に来るような構造をもっています（図 2.4.3（a））．このようにメタン分子は平面構造ではありません．

まず，各結合について双極子モーメントを考えましょう．水素原子と炭素原子の電気陰性度はそれぞれ，2.2 と 2.5 です．炭素原子のほうが電気陰性度がわずかに大きいので，各結合の双極子モーメントは図 2.4.3（b）のようになります．

これは結合の双極子モーメントですので，この矢印を足し合わせたら，分子全体の電荷の偏り，つまり分子の双極子モーメントが出てきます．①矢印は正

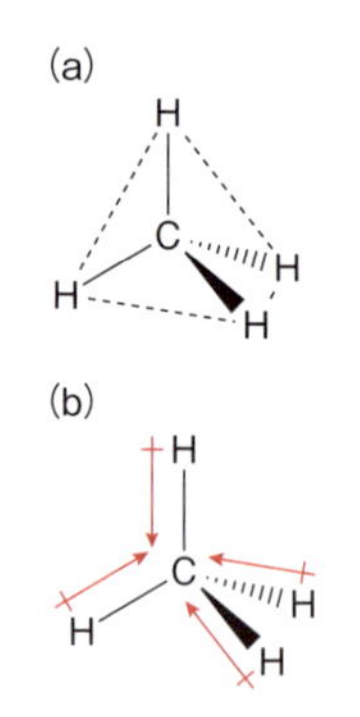

図 2.4.3　メタン分子
(a) 構造, (b) 各結合の双極子モーメント.

四面体の頂点から中心に伸びている，②すべて同じ結合なので，矢印の長さはすべて同じです．

すべての矢印を合わせましょう（三次元の世界でベクトルの足し算引き算をしないといけないので，最初はちょっと大変です）．分子の双極子モーメントはゼロになります．つまり，各結合を見ると電荷の偏りはあるのに，分子全体では無極性分子になります．

2.4.3　クロロメタンの双極子モーメント

次に，メタンの水素原子の1つを塩素原子に替えたクロロメタンを考えます（図 2.4.4（a））．

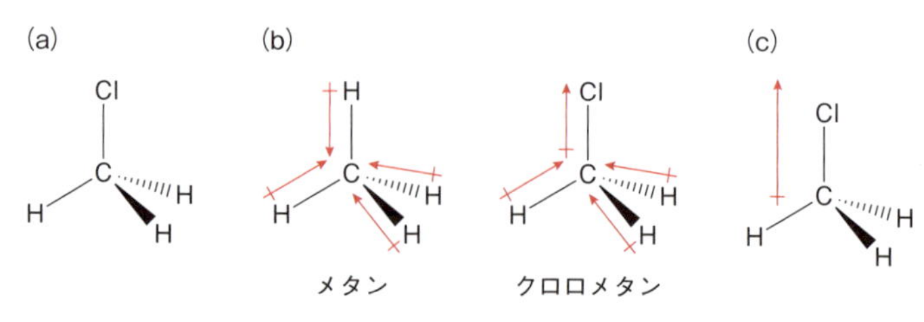

図 2.4.4　クロロメタン
(a) 構造, (b) メタンの双極子モーメントの比較, (c) 分子全体の双極子モーメント.

塩素の電気陰性度は 3.0 です．まず，各結合の双極子モーメントを書き込みます（図 2.4.4（b））．メタン分子との違いを確認しましょう．

クロロメタンの各結合の双極子モーメントを足し合わせましょう（図 2.4.4（c）炭素-塩素結合と平行になるように分子全体の双極子モーメントを書くことができます．このようにクロロメタンは極性分子であることがわかります．

2.4.4　ジクロロメタンとテトラクロロメタンの双極子モーメント

さらに塩素原子を増やしてジクロロメタンを考えて見ましょう．三次元的に広がっている分子の双極子モーメントを考える際は，最初に書く分子の立体図をどのアングルから書くかが大事です．ジクロロメタンは図 2.4.5（a）のように書けば，考えやすくなりますよ．

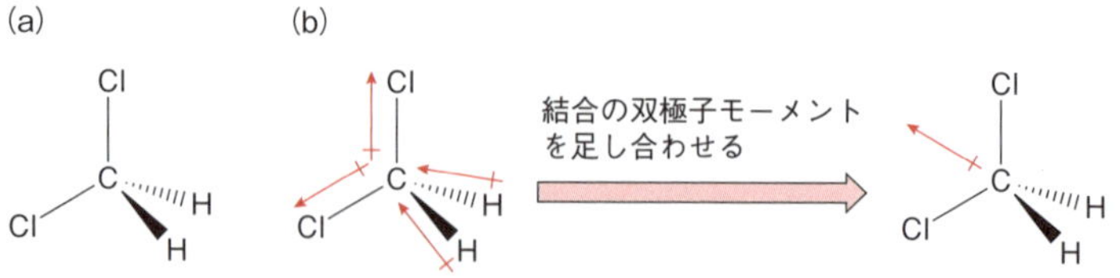

(a)　(b)　結合の双極子モーメントを足し合わせる

図 2.4.5　ジクロロメタン
(a) 構造, (b) 双極子モーメント.

これもまず各結合の双極子モーメントを書いて，最後に全部を足し合わせます．ジクロロメタンの双極子モーメントは図 2.4.5（b）のようになり，これも極性分子であることがわかります．

ある分子が極性分子になるかどうかには，分子の対称性が大きく影響します．たとえば，メタンの水素原子をすべて塩素原子に置き換えた四塩化炭素（テトラクロロメタン）は無極性分子です（図 2.4.6）．

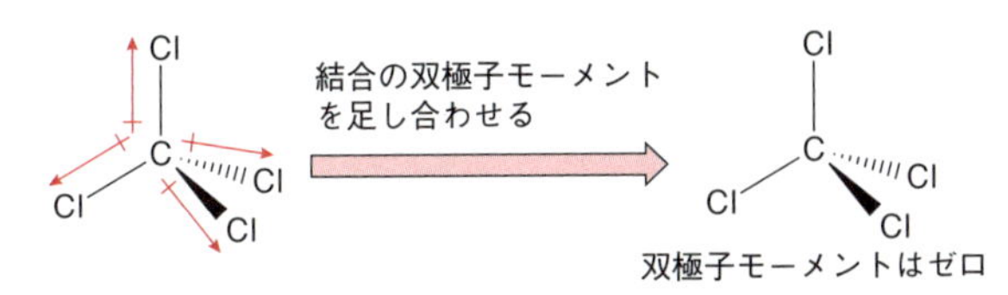

図 2.4.6　テトラクロロメタンの双極子モーメント

双極子モーメントは，その分子が極性分子かどうかを判断する重要な指標です．分子が極性をもつかどうかは，その分子間にどのような力が働くかを予測する重要な指標になります．次の節では，分子の極性と分子間力の関係について見ていきましょう．

例題 2.4

次の分子のうち，分子全体の双極子モーメントがゼロなのはどれでしょうか．

(a) Cl−Cl　(b) H−Cl　(c) H−O−H　(d) O=C=O

2.5 沸点の決まり方

キーワード
ミクロな目で見た沸騰，分子間力，ファンデルワールス力，双極子−双極子相互作用，水素結合

ここまでに，分子の形がどのようにして決まるか，さらに電気陰性度の異なる原子が結合することで，分子全体で見たときに電荷の偏りが現れることを学んできました．ここでは，その電荷の偏りが，沸点にどのように影響するかを考えます．分子の世界（ミクロなスケール）の電子対の綱引きが，沸騰という目に見えるマクロなスケールの現象にどのように影響するのでしょうか．

2.5.1　マクロなスケールで見た沸騰

ここでは，「**沸騰**（boiling）とはどのような現象か」と「沸点はどのようにして決まるか」の 2 つを考えてみましょう．

まず，マクロなスケール，つまりわれわれが普段生活している馴染み深い目線で沸騰を考えてみましょう．

今，フラスコの中にある化合物が入っているとします．この化合物は常温で液体だとします．液体ですので，フラスコを軽く振れば，中身はユラユラと揺れますが，決して飛び出してはきません．

次に，このフラスコを加熱します．加熱するにつれて，徐々に温度が上がっていきますが，しばらくは中の液体に変化はありません．さらに加熱を続けていくと，液体から泡が出始めて，沸騰が始まります．このときの温度が沸点です．

液体は激しく泡を立てながら，徐々に体積を減らしていきます．最後には，フラスコの中は空になり，液体がすべてなくなります．これが一般的な沸騰の様子ですね．

2.5.2　ミクロなスケールで見た沸騰

では，これをミクロなスケール，つまり分子の大きさで考えればどうなるでしょうか．まず，図2.5.1（a）のように，分子を丸で示します．この丸がいくつか集まって，液体になります．液体状態では，各分子は決まった位置に留まらずに，図2.5.1（a）のように，自由に動き回っています．液体分子が自由に動いている様子を矢印で示しています．

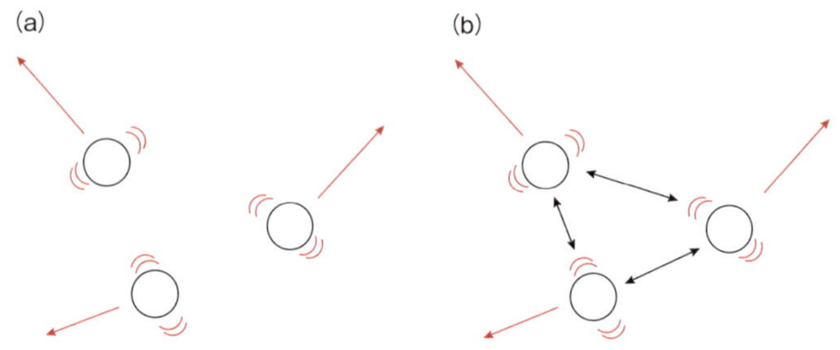

図2.5.1　ミクロなスケールで見た沸騰
（a）液体中での分子の運動，（b）分子間に働く引力．

もし液体中で，このように分子間に何の力も働かずに，それぞれが好き勝手に動いていたら，あっという間にこれらの分子はフラスコから出ていってしまうでしょう．でも実際には，フラスコの中に留まっています．これは分子と分子の間に働く引力（**分子間力**（intermolecular force））のお陰です．分子間力は有機化学だけでなく，化学全般において重要な考え方です．分子間力を書き足してみましょう（図2.5.1（b））．

物質の沸点を考えるうえで，この2種類の矢印は非常に重要です．分子が飛びだそうとする力よりも．お互い引き合おうとする分子間力のほうが大きければ，この物質は液体のままです．つまり，液体では分子が飛び出そうとする力＜分子間力と考えることができます．

この分子間力の大きさは分子の構造に強く依存します．つまり，分子の形が決まれば，どの程度の強さで引き合うのかがほとんど決まってしまいます．ここでは，話を簡単にするため，温度が変わっても，分子間力の大きさは一定とします．

2.5.3 分子間力が沸騰に与える影響

では，この状態の分子に熱を加えてみましょう．熱するにつれて，全体の温度は上昇し，分子はより大きな運動エネルギーをもって，どんどん速く動きだします．一方，分子間力は変化しません．

すると，ある温度で分子間力を振り切るのに十分な運動エネルギーをもつようになります．分子のスケールでは，分子が飛びだそうとする力＞分子間力になったときの温度が沸点です．

ここまで見てくると，沸点が何度になるのかを考える際に，分子間力の大小が大事だということがわかってきたと思います．もう１つ，沸点を決める大事な要素があります．それは分子の体重，すなわち分子量です．

重いボールが入ったカゴと，軽いボールが入ったカゴがあるとします．それぞれのカゴからボールを１つ取り出して遠くまで投げる作業にはエネルギーが必要です．その際，重いボールを投げるほうが，軽いボールを投げるよりもより大きなエネルギーを必要とします．

これは分子の世界でも同じです．分子量が大きくなるほど，その分子を液体から取り出して遠くに投げるには，より大きなエネルギーが必要になります．

2.5.4 分子間力

では，分子と分子の間にはどのような力が働くのでしょう．また，それらはどの程度の強さで引き合うのでしょうか．分子間力は３種類あります．それはファンデルワールス力，双極子-双極子相互作用，そして水素結合です．以下，その３つを順番に見ていきましょう．

プロパンは炭素と水素のみをもつ無極性分子で，沸点は −42 ℃です．２つのプロパン分子の間には**ファンデルワールス力**（van der Waals force）と呼ばれる力が働いています．これは，この節で紹介する分子間力の中では最も弱い力です．ここでは詳しくは説明しませんが，ファンデルワールス力とは，分子に含まれる電子の揺らぎによって発生する非常に弱い分子間力（1 kcal/mol 以下）であることだけ理解してください．

$CH_3-CH_2-CH_3$　　沸点 −42 ℃　　分子量 44　　ファンデルワールス力

次にジメチルエーテルを考えましょう．ジメチルエーテルの分子量は 46 でプロパン（分子量 44）とほぼ同じですが，沸点はプロパンよりも高く −24 ℃です．

▶**J. D. van der Waals**
1837〜1923，オランダの物理学者．1910 年ノーベル物理学賞受賞．貧しい家庭に生まれ，ほとんど独力で科学を学び，学校の教師を務めていたが，ようやく 27 歳で大学入学を果たした．──結合，──力，──半径，──状態方程式など，彼の名を冠した科学用語が多いのは，研究の幅が広いことを物語る．

$CH_3-CH_2-CH_3$ 沸点 −42℃ 分子量 44 ファンデルワールス力

CH_3-O-CH_3 沸点 −24℃ 分子量 46 ファンデルワールス力 ＋ 双極子-双極子相互作用

上で見たように化合物の沸点は，①分子量と②分子間力の大きさで決まります．この2つの化合物の分子量はほぼ同じなので，18℃の沸点の差は分子間力の違いによるものだと予想できます．つまり，プロパン間に働く力よりも，ジメチルエーテル間に働く力のほうが大きいことが予想できますね．ジメチルエーテル間にもファンデルワールス力は働きます．

そしてもう一つの分子間力，それが**双極子-双極子相互作用**（dipole-dipole interaction）です．ジメチルエーテルは中心に sp^3 酸素をもち，そこから2つのメチル基，2つの非共有電子対が伸びています（図2.5.2（a））．C−O−C結合は直線ではなく，折れ曲がっています．炭素原子-酸素原子および酸素原子-非共有電子対間の分極を黒い矢印で表しました．この矢印はベクトルなので，和を考えると赤い矢印のようになります．ヘテロ原子や非共有電子対を含む分子では，炭素原子との電気陰性度の差により，分子中に電子が足らないところと，電子が余っているところができます．その結果，その分子は双極子モーメントを持ち，極性分子になります．

NOTE ヘテロ原子
ヘテロ原子とは，炭素および水素以外の原子を指します．ヘテロ原子である窒素，酸素，ハロゲン原子は炭素原子とは異なる電気陰性度をもつため，分子にこれらのヘテロ原子が取り込まれると結合の分極が起こり，分子の性質を大きく変えます．

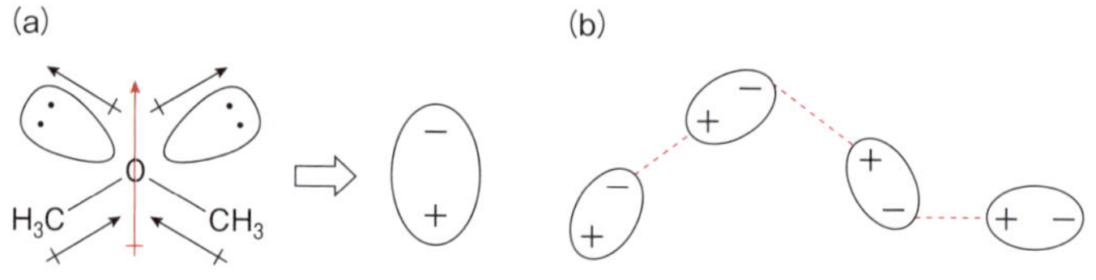

図 2.5.2 ジメチルエーテル
（a）極性，（b）双極子−双極子相互作用．

このように，構造式の上のあたりに電子が余っていて，下の辺りは電子が足らなくなっています．この様子を簡単に示すと，右のような楕円になります．続いて，この楕円が集まってきたらどうなるか考えましょう（図2.5.2（b））．液体中では各分子は自由に動き回って，電子の余っている部分は，電子の足らない部分と引き合うことができます．これが双極子-双極子相互作用です．

以上，まとめると，ジメチルエーテルはプロパンと同程度の分子量ですが，ジメチルエーテル間には，ファンデルワールス力と双極子-双極子相互作用の2つの分子間力が働き，プロパンよりも強く引き合っています．その結果，ジメチルエーテルはプロパンよりも高い沸点をもちます．

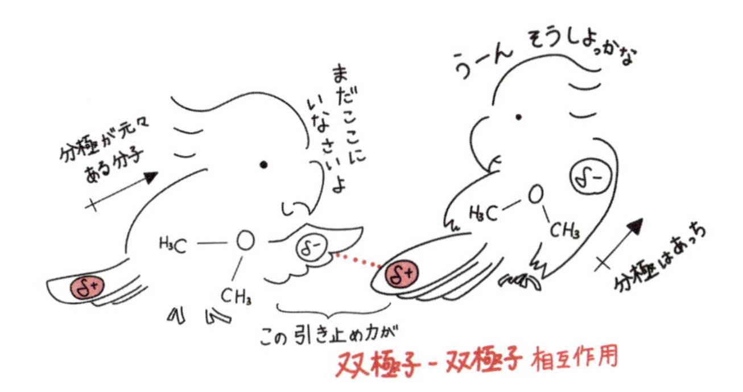

2.5.6　水素結合

最後に，エタノールを考えましょう．エタノールとジメチルエーテルは構造異性体の関係にあるので，分子量は同じで 46 です．しかし，エタノールの沸点はジメチルエーテルよりもずっと高く 78 ℃です．これはエタノール分子の間に非常に強い分子間力が働いているためです．それが**水素結合**（hydrogen bond）です．

エタノールはアルコールなので，ヒドロキシ基（－OH）をもちます．このヒドロキシ基の分極を考えてみましょう（図 2.5.3）．ヒドロキシ基は電気陰性度の違いを反映して酸素原子はマイナス，水素原子はプラス電荷を帯びます．酸素と水素の電気陰性度はそれぞれ 3.5 と 2.2 で非常に大きな差がありますので，この分極は非常に大きくなります．

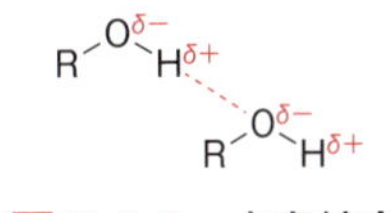

図 2.5.3　水素結合

水素結合も双極子-双極子相互作用の一種と考えることができますが，O－H の分極は特に大きく，非常に強い分子間力を示すため，双極子-双極子相互作用とは区別して考えることがよくあります．以上，まとめると，エタノールとジメチルエーテルの分子量は同じですが，エタノール間には，ファンデルワールス力，双極子-双極子相互作用，さらに水素結合の 3 つの分子間力が働き，ジメチルエーテル同士よりも強く引き合っています．その結果，エタノールはジメチルエーテルよりも高い沸点をもちます．

例題 2.5

以下の組み合わせのそれぞれについて，沸点の高くなる順に並べてみよう．

(1) ① $CH_3-CH_2-CH_2-CH_2-CH_3$
② $CH_3-CH_2-CH_2-CH_2-Cl$
③ $CH_3-CH_2-CH_2-CH_2-OH$

(2) ① $CH_3-CH_2-CH_2-CH_3$
② $CH_3-CH_2-CH_2-OH$
③ $CH_3-CH_2-O-CH_3$

3章 立体化学

~この章で学ぶこと~

この章では，三次元の世界に存在する分子をどのように二次元の紙の上で表現するかを学びます．さらに，分子を頭の中で回転させる練習をしましょう．

また，有機化学の世界を多彩にしているのが異性体の存在です．異性体はすでに2-2節に出てきましたが，この章では異性体には構造異性体と立体異性体があることを学びます．この2つの違いをしっかりと理解してください．

3.1 透視式，分子を立体的に書く

キーワード

分子の立体構造，透視図，3種類の結合

有機化学を学ぶうえで，ちょっと厄介な問題があります．講義で先生が板書をする黒板やホワイトボードは平面です．同じく，みなさんがそれらを書き写すノートも平面です．しかし，1.3節で学んだように，実際の分子は三次元の構造をもっています．したがって，「三次元の世界の分子を，二次元の平面上で表現する方法」が必要になります．最初は難しく感じるかもしれませんが，慣れてくると自然に立体に見えるようになります．

3.1.1 メタンの立体構造

最も簡単な有機化合物であるメタン（CH_4）を考えましょう．この分子は中心に sp^3 混成軌道をもつ炭素原子があり，そこから4本の単結合が出ていて，4つの水素原子が結合しています（図3.1.1（a））．このように書くと，炭素原子1つと水素原子4つは同一平面にあり，すべての原子がこの紙の上にあるように見えますが，実際はそうではありません．これは，sp^3 炭素から伸びる4本の結合が，炭素原子を中心として正四面体型になっているためです．分子模

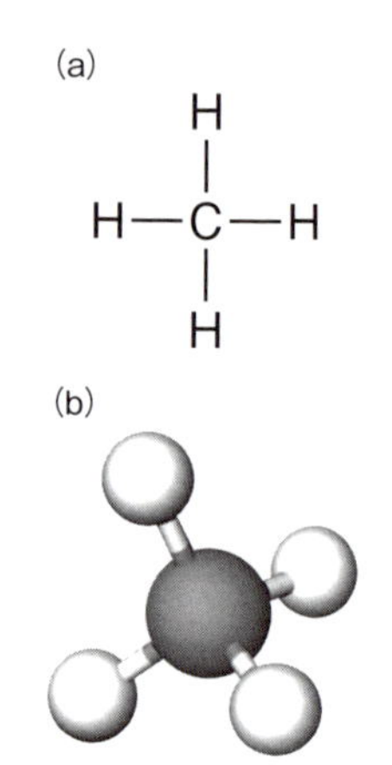

図 3.1.1 メタンの構造
(a) 平面の構造式, (b) 立体構造.

型で示すと図 3.1.1 (b) のようになります.

3.1.2 透視図

分子の立体構造をわかりやすく示すために，分子模型が活用されてきました．また最近は，パソコン上できれいな三次元図を描くこともできます．でも，このようなツールを常に使えるわけでもありません．二次元の紙の上で三次元の分子を表現する方法，それが透視図です．透視図を用いてメタンを立体的に書くと，図 3.1.2 のようになります．

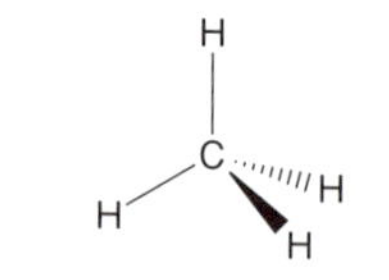

図 3.1.2 メタンの透視図

どの原子とどの原子が繋がっているかを線で示すのは同じですが，3 種類の線が用いられているのがわかりますね．順番に考えていきましょう．

まず，実線の結合はこの紙の上に乗っています．つまり，中央の炭素原子と 2 つの水素原子はこの紙の上にあります．次に，中が塗りつぶされた二等辺三角形で示された結合を見てみましょう．この線で示された結合は，紙から，手前に飛び出しています．どうですか？　イメージできますか？

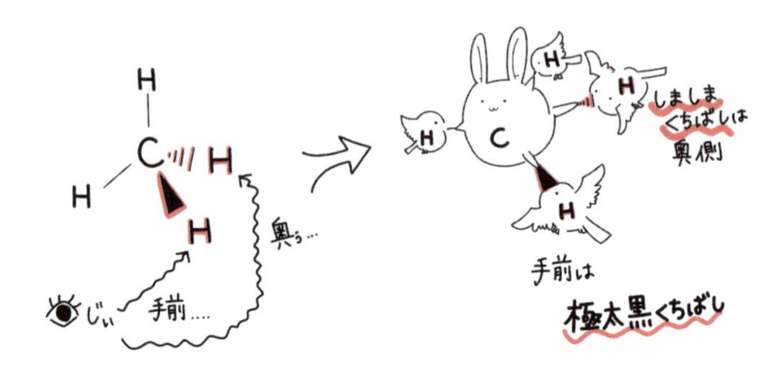

一方，破線で示された結合は，紙から向こう側へ飛び出しています．いかがですか？　立体的に見えますか？

慣れないうちは難しいと思います．「この結合は手前…，この結合は向こう側…」と知識ではわかっていても，立体的に見えない人も多いでしょう．そこで諦めずに，この透視図を見続けてください．そうしているうちに，ある瞬間にパッと立体的に見えます．「見えた！」と思ったのに，また見えなくなります．そういう過程を繰り返しているうちに，もう立体にしか見えなくなります．こうなったらもう大丈夫です．

透視図が立体的に見えるようになりましたか．次節では，描かれた分子を回転させたときに，どう見えるかを考えていきましょう．

例題 3.1

結合の伸びている方向に注意して，クロロメタン (CH_3Cl) の分子模型の図を透視図で描いてみよう．

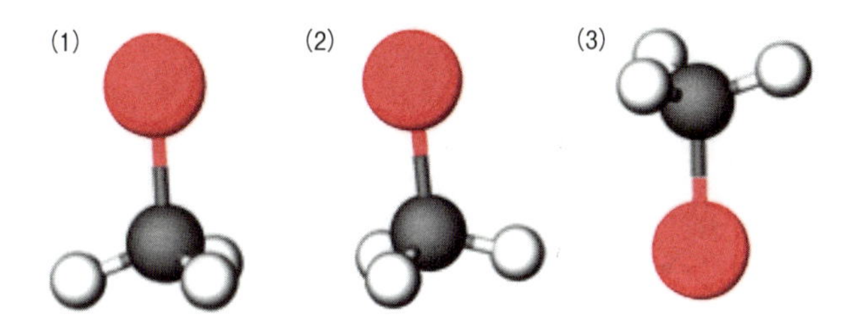

3.2 透視図を回転させる

キーワード
立体構造，透視図，分子全体の回転，結合の回転

3.2.1 透視図と座標軸

紙の上に描かれた分子（透視図）を立体的に見ることができたら，次はその分子を回転させてみましょう．3.1 節ではメタンを取り上げましたが，炭素原子周りがすべて水素原子だとわかりにくいので，ここでは炭素原子から伸びている 4 本の結合にすべて異なる置換基が結合している 2-ブロモブタンを考えます．まず，平面で描かれている 2-ブロモブタンを透視図に描き直します．

H
CH_3—C——CH_2CH_3
Br
透視図に変換
CH_3
C
H
CH_2CH_3
Br

図 3.2.1　2-ブロモブタンの透視図

右側の図がはっきりと立体に見えていますか？　中央の炭素原子とメチル基（$-CH_3$），左側の水素原子は実線の結合で結ばれているので，この紙面上にあります．ブロモ基（$-Br$）は紙面の手前に，エチル基（$-C_2H_5$）は紙面の奥側に向いています．

3.2.2 透視図を回転させる

ここで 3 本の座標軸を考えます（図 3.2.2）．

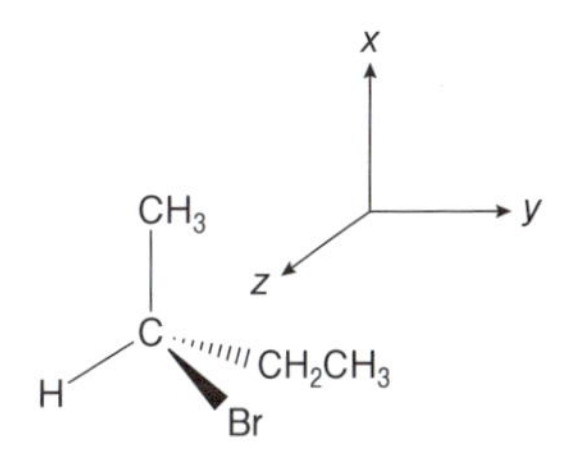

図 3.2.2　2-ブロモブタンの透視図と座標軸

x 軸：中心の炭素原子とメチル基の間の単結合を含む軸．この軸は紙面上にあります．
y 軸：紙面上にあって，x 軸と直行する軸．
z 軸：x 軸および y 軸と直行する軸．この軸は紙面と直行しています．

では，この分子を x 軸について 180° 回転させます．どの置換基がどの方向を向いているかを意識しながら，ぐるっと回してみましょう（図 3.2.3）．

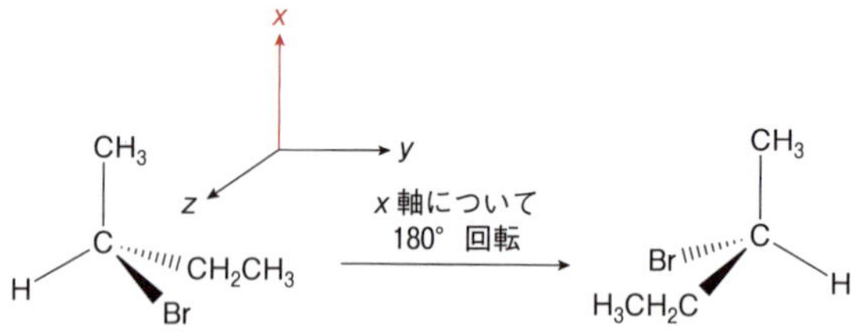

図 3.2.3　x 軸周りに回転

x 軸について 180° 回転させると，分子の上下は入れ替わりませんが，左右と前後が入れ替わります．右側に伸びていた結合は左側に，紙面の手前に伸びていた結合は紙面の奥側へ移動しますから，その結果，右辺のようになります．x 軸について 180° 回転させるということは，この分子を紙の裏側から見るのと同じことです．

次は y 軸について 180° 回転させてみましょう．今度は分子の左右は入れ替わらず，上下と前後が入れ替わります（図 3.2.4）．

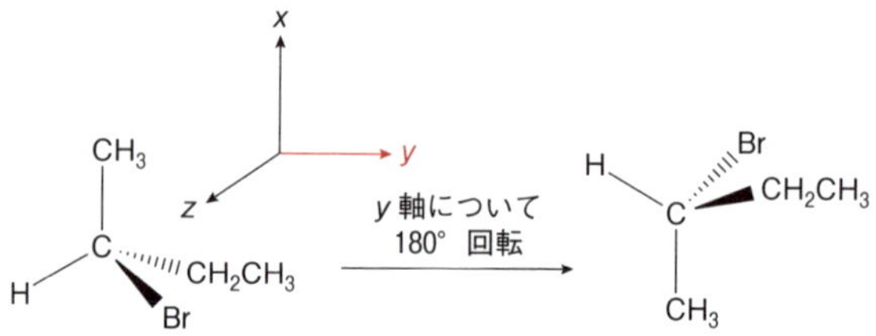

図 3.2.4　y 軸周りに回転

最後は z 軸について 180° 回転させてみましょう．この場合，分子の前後は入れ替わらず，上下と左右が入れ替わります（図 3.2.5）．

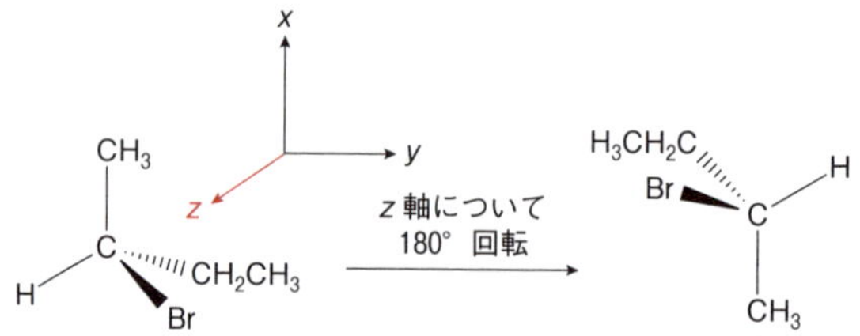

図 3.2.5　z 軸周りに回転

これらの操作では分子を回転させているだけですから，分子自身には何の変化もありません．回転させている間に原子が増えたり減ったり，原子の繋がり方が変わったりはしません．

3.2.3　複雑な分子の場合

もう少し複雑な構造についても考えましょう（図 3.2.6）．まず，この分子の

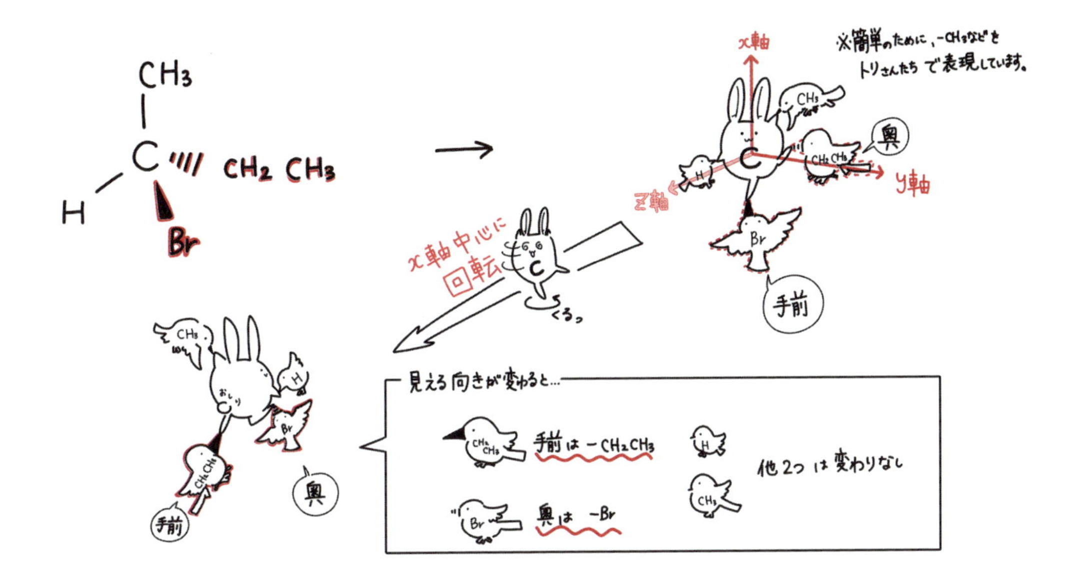

立体構造を確認します．左側のメチル基，中央の炭素原子2つ，右側のカルボキシ基は実線の結合で結ばれていますので，すべてこの紙面上にあります．右側のメチル基と左側のブロモ基は紙面より手前，右側の水素原子とフルオロ基（−F）は紙面より奥側に向いています．

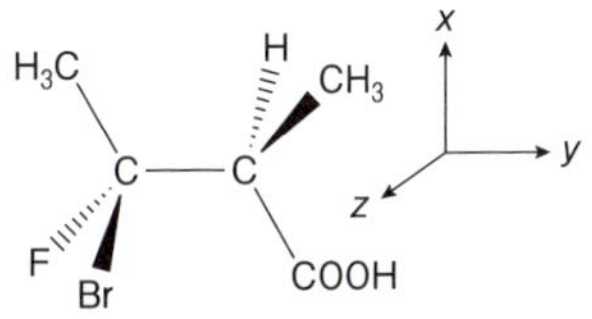

図 3.2.6 複雑な分子の例

分子全体を *y* 軸（ここでは，中央の炭素-炭素結合を通る軸）に回転させると図 3.2.7 のようになります．

図 3.2.7 *y* 軸周りに回転

ここまでは，分子全体を特定の軸について回転させてきましたが，次は分子の一部を回転させてみましょう．*y* 軸について，分子の右側だけを 180° 回転させると，どうなるでしょう．分子の左側をそのままにして，右側だけを回してください（図 3.2.8）．

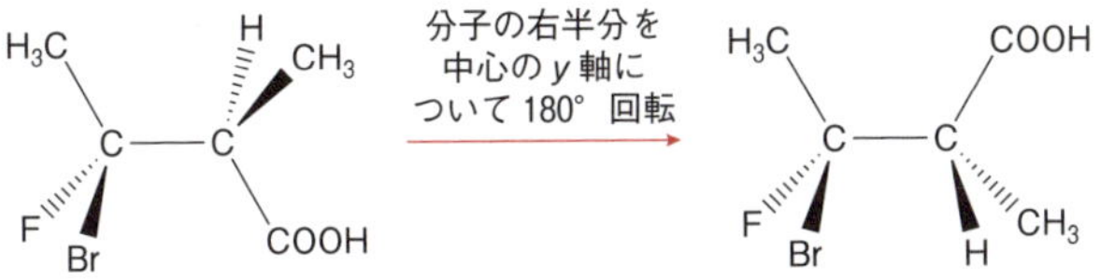

図 3.2.8 分子の一部を回転

いかがですか？　自由自在に頭の中で分子を回転できるようになりましたか？　これは少し慣れを必要とすると思います．でも，諦めずに考え続ければ，ある瞬間にパッと理解できるようになりますので，頑張ってください．

例題 3.2

この分子を以下の通りに回転させた構造式を書きましょう．

（1） x 軸について 180°

（2） y 軸について 180°

（3） x 軸について 180° 回してから y 軸について 180°

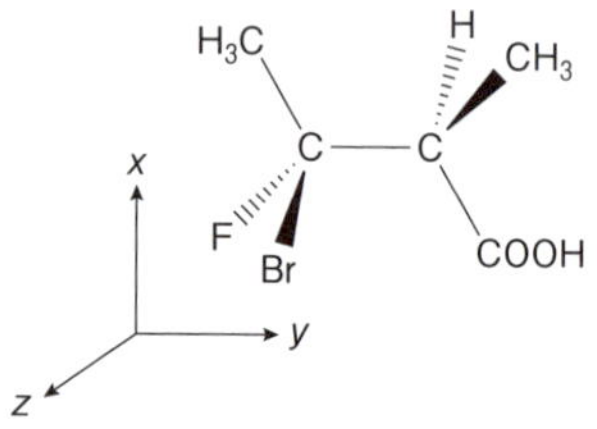

キーワード

異性体とはなにか，構造異性体，立体異性体

3.3 構造異性体と立体異性体

有機化合物を学習していく中で，初学者を悩ませるもの，それが異性体です．「これとこれは異性体の関係です」といわれても，何が同じで，何が違うかがよくわからないことが多いですよね．この節では，異性体とは何か，どのような種類の異性体があるのか，それらはどのように違うのかを説明していきます．

3.3.1 構造異性体

水 H_2O とメタン CH_4 は異性体の関係にはありません．この2つの化合物は分子式が異なりますので，「全く違う化合物」です．

2つの化合物を比較したとき，「分子式は同じであるが，何かが異なる関係」にあるとき，この2つは異性体の関係にあると呼びます．では，何が異なるのでしょうか？　例として，C_2H_6O の分子式をもつ化合物をすべて書き出してみましょう．エタノールとジメチルエーテルの2つを書くことができますね（図 3.3.1）．

CH_3-CH_2-OH　　CH_3-O-CH_3

図 3.3.1　構造異性体

この2つはどんな関係にあるでしょうか？　まず，どちらの化合物も分子式は C_2H_6O で同じです．つまり，分子に含まれている部品（原子）の種類と数は全く同じです．次に原子の繋がり方を見ると，エタノールでは左から炭素→炭素→酸素の順に結合していますが，ジメチルエーテルでは左から炭素→酸素→炭素の順に結合しています．このように，分子式が同じだが，原子同士の繋がり方が違うものを「構造異性体」の関係にあるといいます．

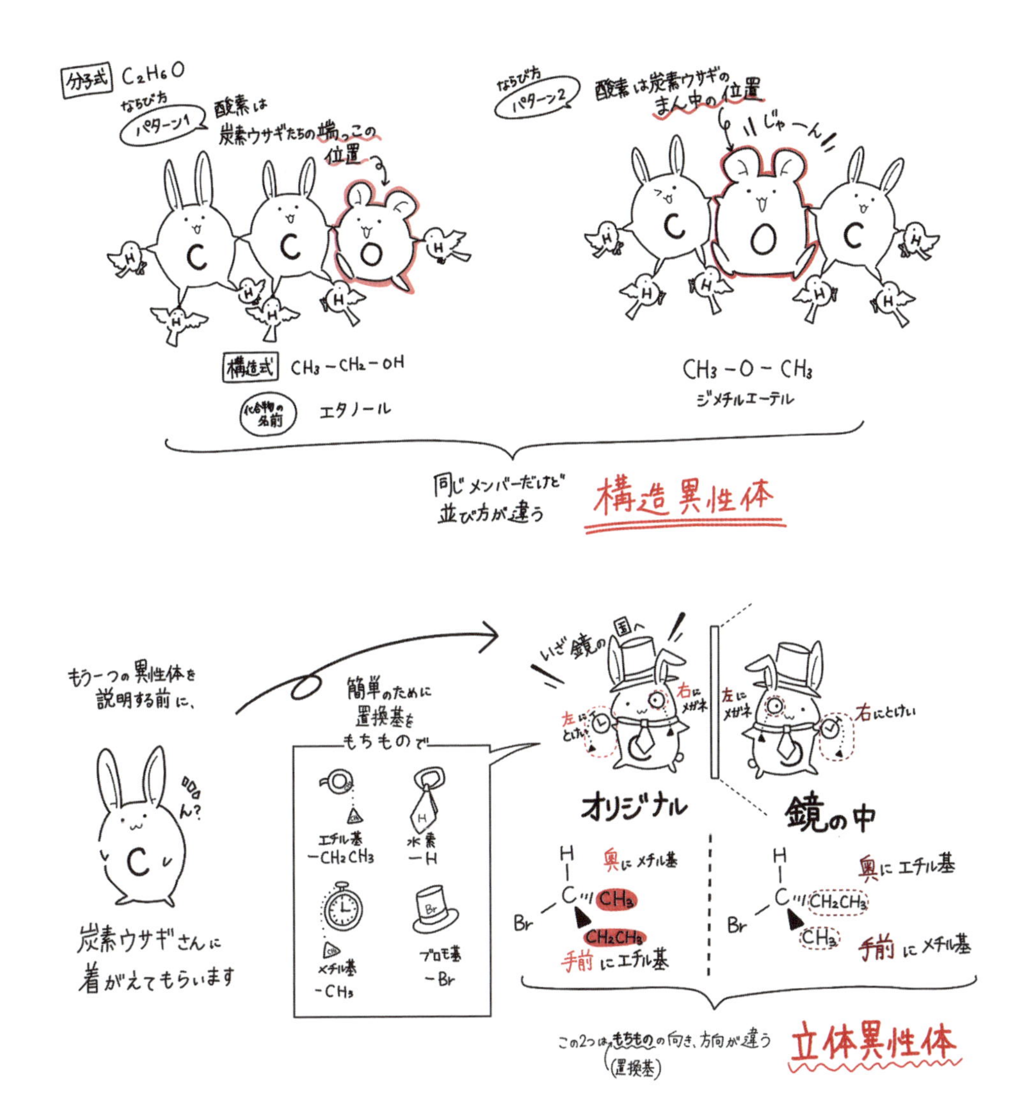

3.3.2　立体異性体

もう1つ，分子を組んでみましょう．与えられる部品は sp^3 炭素，水素原子，臭素原子，メチル基，エチル基がそれぞれ1つです（図 3.3.2（a））．

分子を平面構造で考えると，繋ぎ方は，sp^3 炭素原子を真ん中に書いて，4つの置換基を繋いでいく図 3.3.2（b）の1種類しかありません．

この分子は 3.2 節でも出てきましたが，実際の分子は平面ではありません．sp^3 炭素を中心にして，結合は正四面体の頂点方向に伸びています（図 3.3.3（a））．

この sp^3 炭素に4つの置換基をつなぐと，図 3.3.3（b）の2種類の化合物が出てきます．この2つの化合物は同一ではありません．何が同じで何が異なるのかを順番に考えていきましょう．

(a)

—C—　$-H$, $-Br$, $-CH_3$, $-CH_2CH_3$

(b)

H
Br−C−CH_3
CH_2CH_3

図 3.3.2　2-ブロモブタン
（a）部品，（b）平面構造式．

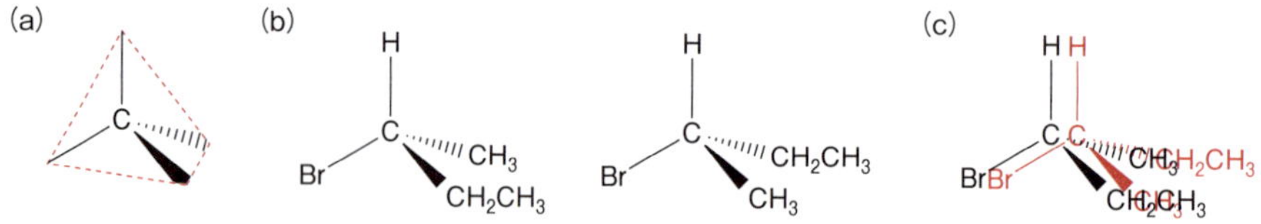

図 3.3.3　立体異性体

(a) sp^3 炭素，(b) 横に並べた図，(c) 重ねた図．

まず，分子式を比較しましょう．どちらも C_4H_9Br で全く同じです．次に，原子同士の繋がり方を見てみましょう．どちらも炭素原子を中心にして，4つの置換基が結合しています．原子同士の繋がり方が全く同じなので，この2つは構造異性体の関係ではありません．

この2つの分子の違いは，それぞれの分子の右側にあります．左の分子は「エチル基が手前，メチル基が奥側」を向いていますが，右の分子は，「エチル基が奥側，メチル基が手前」を向いています（図 3.3.3 (b)）．そのため，この2つの分子を完全に重ね合わすことはできません．中心の炭素原子に結合した4つの置換基のうち，2つまでは重ねることができますが，そうすると残りの2つの置換基の位置が一致しません．

このように，2つの化合物を比較したとき，分子式も原子同士の繋がり方も同じですが，置換基の伸びている方向が違うものを，「立体異性体」の関係にあるといいます．

有機化合物の性質は，①どのような種類の原子が，②どれだけの数，③どのような順番で繋がり，④立体的にどのような形をしているかで決まります．つまり，この①～④の条件が全て同じ場合は2つは全く同じ分子であり，全く同じ反応性，全く同じ性質を示します．

例題 3.3

次に示した（1）～（4）の化合物の各組は全く同じ分子か，構造異性体か，立体異性体か，全く異なる分子か，どの関係にあるか考えよう．

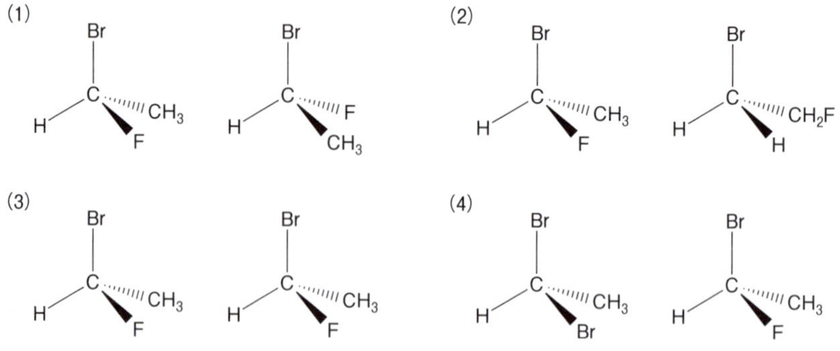

(1)

(2)

(3)

(4)

3.4 エナンチオマーとジアステレオマー

キーワード
立体異性体，不斉炭素原子，エナンチオマー，ジアステレオマー

3.4.1 立体異性体と不斉炭素原子

さらに詳しく立体異性体を見ていきましょう．図3.4.1の4つを見てください．この4つは，お互いに何の関係でしょうか．全部，同じに見えるかもしれません．この4種類の化合物は互いに立体異性体の関係にあるといいます．つまり，すべて違うものです．

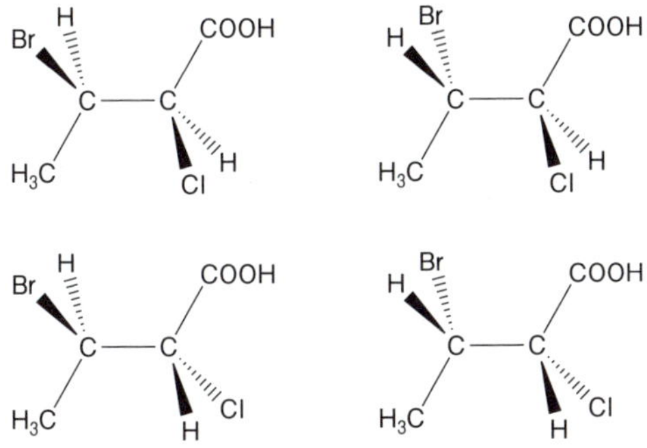

図 3.4.1 4つの立体異性体

立体異性体の関係にある分子は，さらに細かく分類できます．ここでも2-ブロモブタンを考えます（図3.4.2）．中心の炭素原子に注目しましょう．ここから伸びる結合4本に結合しているのは，ブロモ基，メチル基，エチル基，水素原子で，すべて異なる種類の置換基です．このような場合，中心の炭素原子を「不斉炭素」と呼びます．炭素原子のそばに「＊」記号を書いて，「ここは不斉炭素です」と示します．

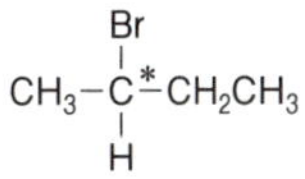

図 3.4.2 不斉炭素原子

3.4.2 エナンチオマー

次に，この分子の立体構造を見ていきましょう（図3.4.3）．sp^3混成軌道を

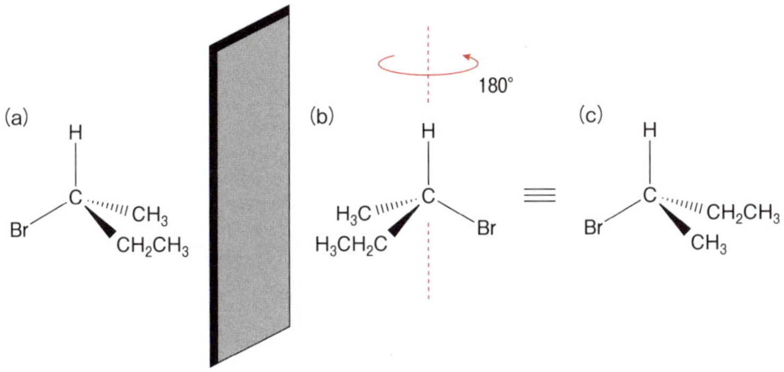

図 3.4.3 2-ブロモブタン
(a) 透視式，(b) (a) を鏡に映した構造，(c) (b) を回転させた構造．

もった炭素原子に4つの置換基を結合させます（a）．この際，置換基はどの順に結合させてもよいです．4つの置換基がどちらの方向を向いているかをしっかり意識しておいてください．

次は少し難しいですが，分子を鏡に写すことを考えます．（a）の分子を鏡に写すと，その形はどうなるでしょうか．上下，左右，前後のうち，どれが反転するかを考えてください．（a）を鏡に写すと（b）になります．分子の上下と前後はそのままですが，左右のみが入れ替わります．3.2節で見てきた分子の回転との違いを考えてください．

さて，この（a）と（b）は同じ分子でしょうか，それとも違う分子でしょうか．このままだとわかりにくいので，（b）を回転させます．中心の炭素原子とそれに結合した水素原子の結合について180°回転させると，（c）になります．（b）を回転させるということは，（b）を違う方向から見ていることと同じですので，（b）と（c）は全く同じ分子です．

では，（a）と（c）を比較しましょう．（a）を鏡に写したものが（c）です．分子を鏡に写しても，含まれている原子の種類と数は変化しません．さらに分子を鏡に写しても，原子の繋がり方は変化しません．ただし，ここで見てきたように，不斉炭素に結合した置換基の伸びている方向が変化します．すなわち，この2つは立体異性体の関係にあります．

このように立体異性体の関係にあって，さらに鏡像の関係にあるものを「エナンチオマーの関係」と呼びます．不斉炭素が1つなら，立体異性体は2つしか現れません．さらに，その2つはエナンチオマーの関係になります．

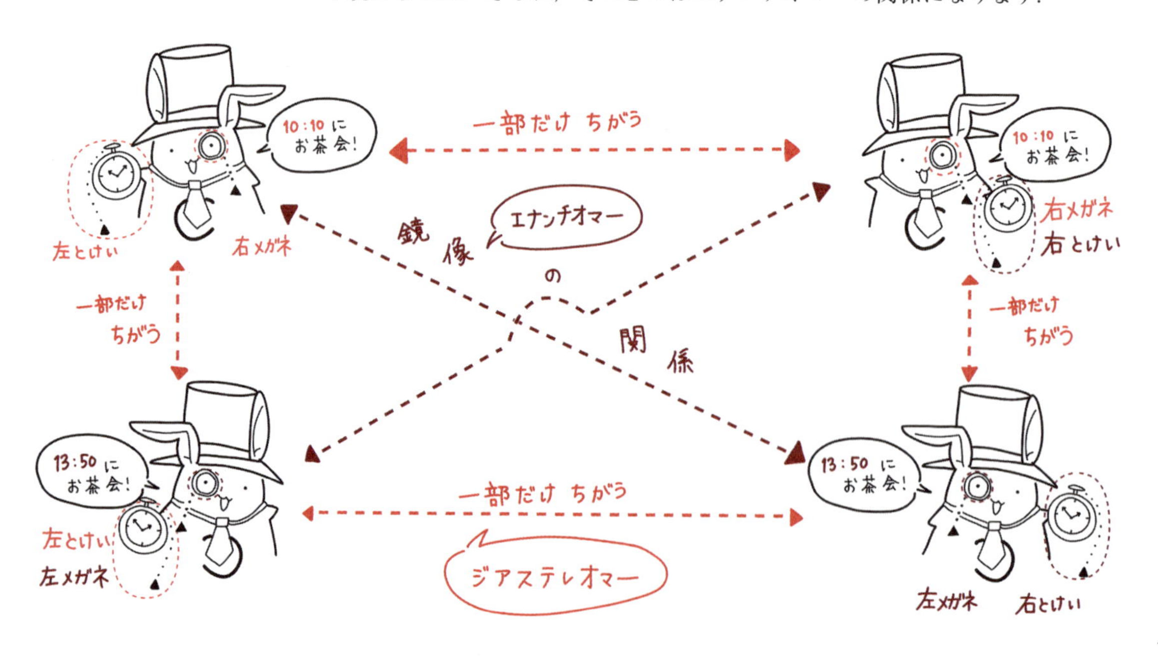

3.4.3 不斉炭素原子が 2 つの場合

では，不斉炭素が2つになると，どうなるでしょうか．図 3.4.4 の分子を考えます．

この分子に不斉炭素はいくつあるでしょうか．臭素原子が結合している炭素原子が怪しいですね．この炭素に結合している置換基は図 3.4.4（b）のようになります．すべて異なる置換基ですので，この炭素原子は不斉炭素です．同様に塩素原子が結合している炭素原子も不斉炭素です（図 3.4.4（c））．

このように，この分子は不斉炭素を2つもちます．この分子の立体構造を考えていきしょう（図 3.4.5）．炭素原子2つを持つ中心骨格から結合を6本，立体的に書き，ここに置換基をあてはめていきます．その際，どの炭素にどの置換基が結合するのかだけ注意してください．一例として（A）のような構造ができあがります．

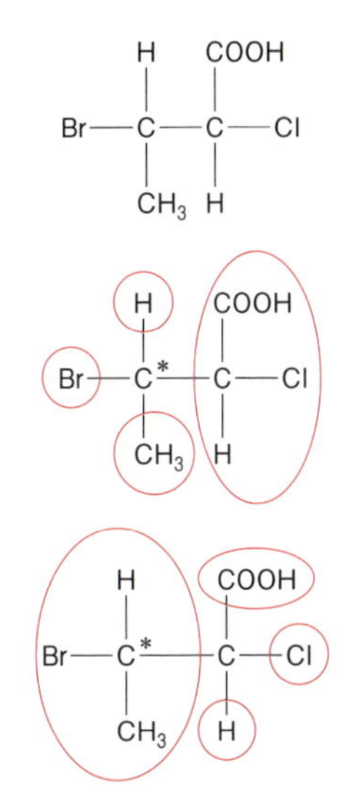

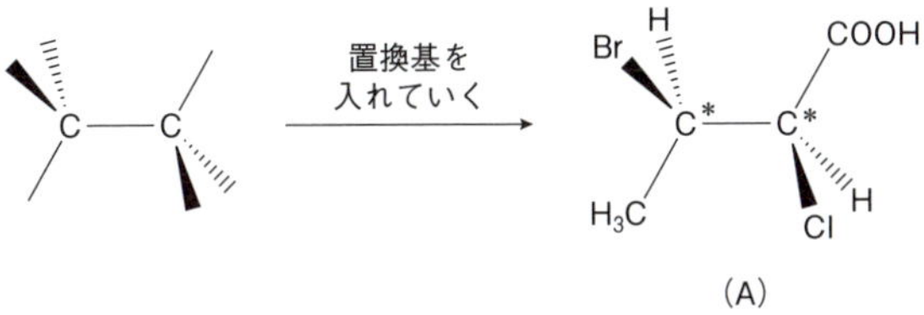

図 3.4.4　不斉炭素を 2 つもつ化合物の例
(a) 構造式，(b) 1つめの不斉炭素原子，(c) 2つめの不斉炭素原子．

置換基を入れていく

(A)

図 3.4.5　不斉炭素を 2 つもつ化合物の透視式

（A）の分子から出発して，結合を切ったり繋いだりする作業をしていきます（図 3.4.6）．不斉炭素が2つありますが，同時に両方の不斉炭素に手を加えないのが理解しやすくするポイントです．

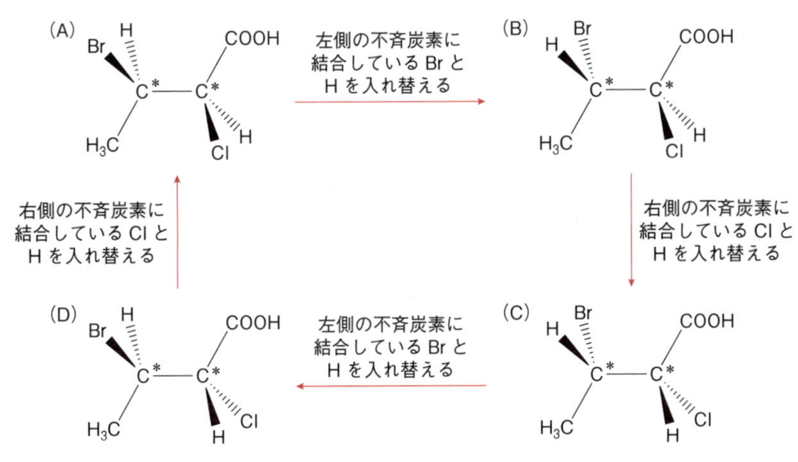

図 3.4.6　不斉炭素を 2 つもつ化合物の立体異性体

（A）の左側の不斉炭素に結合したブロモ基と水素原子を外して，位置を入れ替えて，再び結合させると（B）になります．続いて，（B）の右側の不斉炭素に結合したクロロ基と水素原子を外して，位置を入れ替えて，再び結合させると（C）になります．次に（C）の左側の不斉炭素に結合したブロモ基と水素原子に同様の操作をすれば（D）になります．最後に，（D）の右側の不斉炭素に結合したクロロ基と水素原子に同様の操作をすれば（A）が再び得られます．

このように，「置換基2つを外して入れ替えて戻す」作業を繰り返すことで，同じように見える4つの構造式が得られました．この4つは互いにどのような関係にあるでしょうか．

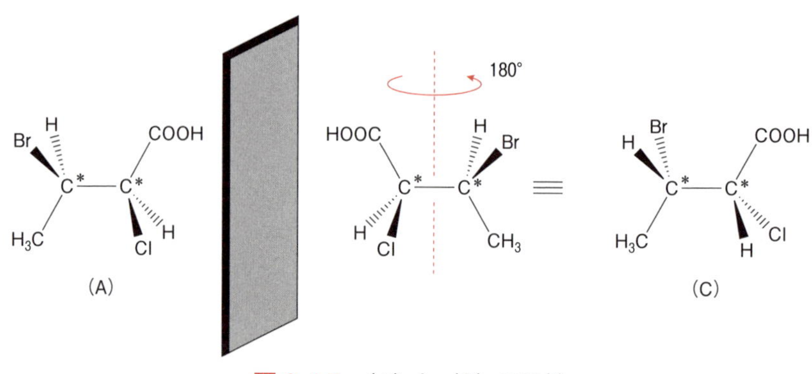

図 3.4.7　（A）と（C）の関係

（A）を鏡に写すと，図 3.4.7 の真ん中の分子が得られます．これを 180° 回転させた構造は（C）に一致します．つまり，（A）と（C）はエナンチオマーの関係になります．同様に（B）と（D）もエナンチオマーの関係になります（実際に検証してみてください）．（A）は不斉炭素を2つもちますが，その両方について置換基の位置を入れ替える操作をすると（A）を鏡に写した（C）になりました．

一方，（A）と（B）や，（B）と（C）などの隣り合う2つの分子はどのような関係にあるでしょう．（A）と（B）を比べると，分子式は同じ，さらに原子同士の繋がり方も同じですが，置換基の伸びている方向が違うので，立体異性体の関係です．しかし，（A）を鏡に写すと，（B）にはならず（C）になります（図 3.4.8）．このように「立体異性体の関係にあるが，互いに鏡像の関係にない」ものを「ジアステレオマーの関係」と呼びます．

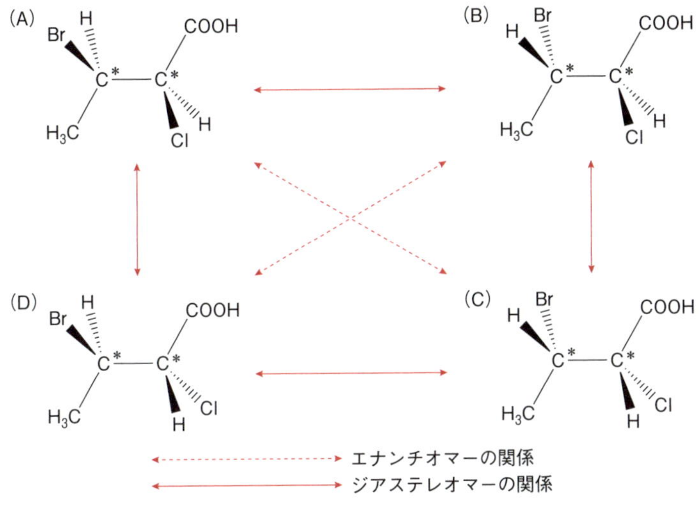

図 3.4.8　エナンチオマーとジアステレオマー

立体異性体，エナンチオマー，ジアステレオマーをここで整理しておきましょう（図 3.4.9）．2 つの分子が立体異性体の関係にあって，さらに鏡像の関係にあるとき，その 2 つの分子は，エナンチオマーの関係にあります．一方，2 つの分子が立体異性体の関係にあるが，鏡像の関係にはないとき，その 2 つの分子は，ジアステレオマーの関係にあります．

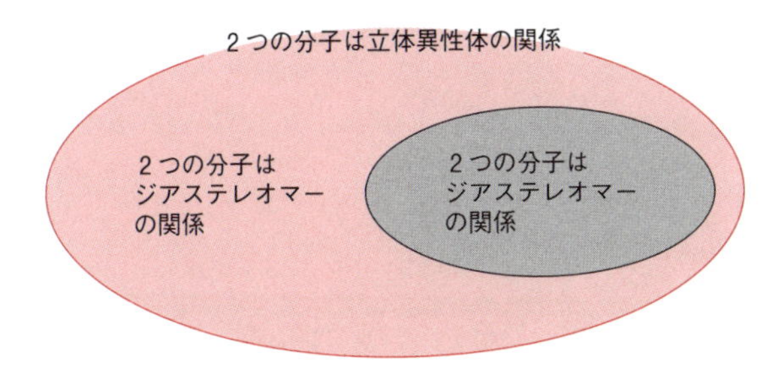

図 3.4.9　エナンチオマーとジアステレオマーの包含関係

例題 3.4

次に示した（1）～（3）の化合物の各組は全く同じ分子，構造異性体，立体異性体，全く異なる分子，のどの関係にあるか考えよう．

(1)

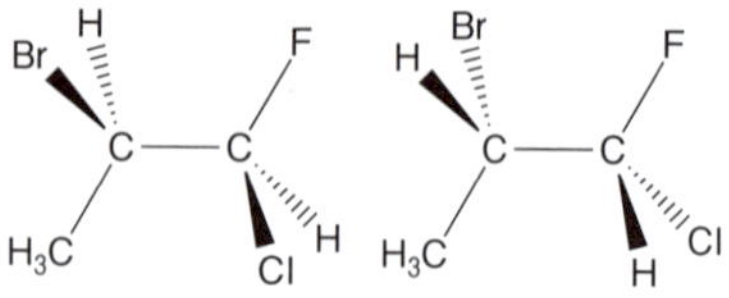

(2)

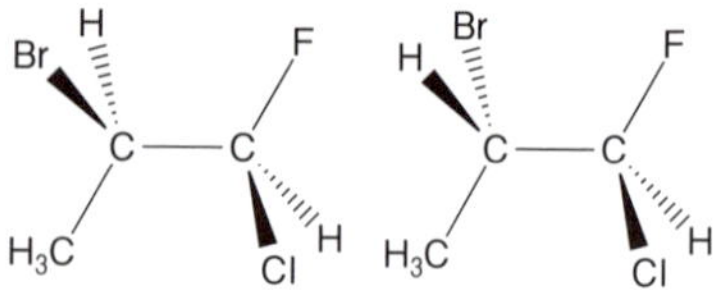

(3)

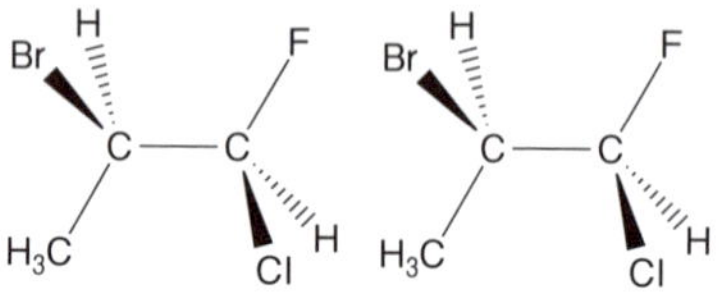

4章 化学反応の進み方

～この章で学ぶこと～

大学の有機化学では数多くの化学反応が出てきます．これらは丸暗記できる量ではありません．一見，何の関係もなさそうな反応に見えても，そこには一定のルールがあります．

この章では，有機化学反応がどんなルールに沿って進んでいくかを見ていきましょう．これらのルールを身につけることによって，全く新しい反応が出てきても，「ここともここが反応するのかな」とか「生成物はおそらくこれだろう」と予想することができます．どのような反応が起こるかを予想するロジックを学びましょう．

4.1 どことどこが反応するか―求核体と求電子体―

キーワード

電気陰性度，結合の分極，求核体，求電子体

4.1.1 結合の切れ方には2種類ある

分子と分子が反応して，新たな結合ができる場合，分子中のどこでも反応が起こるわけではありません．反応の起こりやすいところと，反応の起こりにくいところがあります．反応式を見たとき，どことどこが反応するかを判断する方法を考えていきましょう．

まず，原子AとBが共有結合で繋がれている分子A−Bを考えましょう．1.2節で見たように，このAとBを繋ぐ棒は結合電子対，つまり2個ひと組の電子なので，A：Bのようにも書けます．

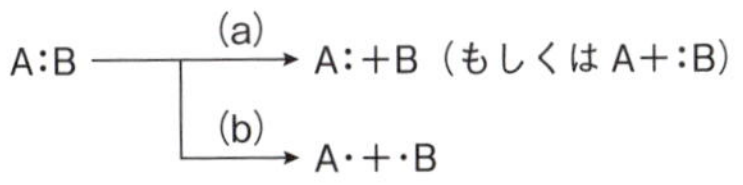

A:B —(a)→ A:＋B（もしくはA＋:B）
　　 —(b)→ A·＋·B

図4.1.1　共有結合の切断
(a) 不均等開裂，(b) 均等開裂．

では，A−Bの結合を切断します（図4.1.1）．これはいい換えれば，AとBの間にある2つの電子対をどのように配分するかということです．

結合切断の方法は2通りあります．1つは片方の原子に電子対をもたせる図4.1.1（a）の方法（不均等開裂），もう1つはそれぞれの原子に1つずつ電子をもたせる図4.1.1（b）の方法（均等開裂）です．

4.1.2　求核体と求電子体

以下，不均等開裂のほうについて考えましょう．結合を不均等開裂で切断すると，電子豊富なA:と電子不足なBが生じます．

これを逆向きに考えれば，電子豊富なので電子対を与えることができるA:と，電子不足なので電子対を受け入れたいBを反応させればA−Bが生成します（図4.1.2）．

NOTE 「酸」と「塩基」の定義
化学の世界では，酸と塩基には2種類の定義があります．1つはプロトン（H^+）のやり取りに注目したブレンステッド・ローリーの定義です．もう1つは，アメリカの化学者，ルイスによって提唱された電子対のやり取りに注目した定義です．

A:＋B ⟶ A−B（A:Bと書くことでもできる）

図4.1.2　A:とBの反応

ここで新しい用語を紹介します．

求核体（nucleophile）　図4.1.2のA:です．電子豊富な原子もしくは分子で，電子対を与えることができるもの．ルイス塩基とも呼びます．
例：NH_3，H_2O，Cl^-，HO^-

求電子体（electrophile）　図4.1.2のBです．電子不足な原子もしくは分子で，電子対を受け取ることができるもの．ルイス酸とも呼びます．
例：H^+，$CH_3CH_2^+$，BH_3，$AlCl_3$

化学反応の一例を示します．求核体であるNH_3が提供した電子対を，求電子体である$AlCl_3$が受け取って新しい結合ができます（図4.1.3）．

NH_3 ＋ $AlCl_3$ ⟶ $H_3N-AlCl_3$
求核体（ルイス塩基）　求電子体（ルイス酸）

図4.1.3　求核体と求電子体の反応

4.1.3　大きな分子でも同じ

ここまでは，比較的小さな分子について考えてきましたが，「電子の余っているところと電子の足りないところが反応して，そこに新たな結合ができる」という考え方は，より大きな分子でも同じです．

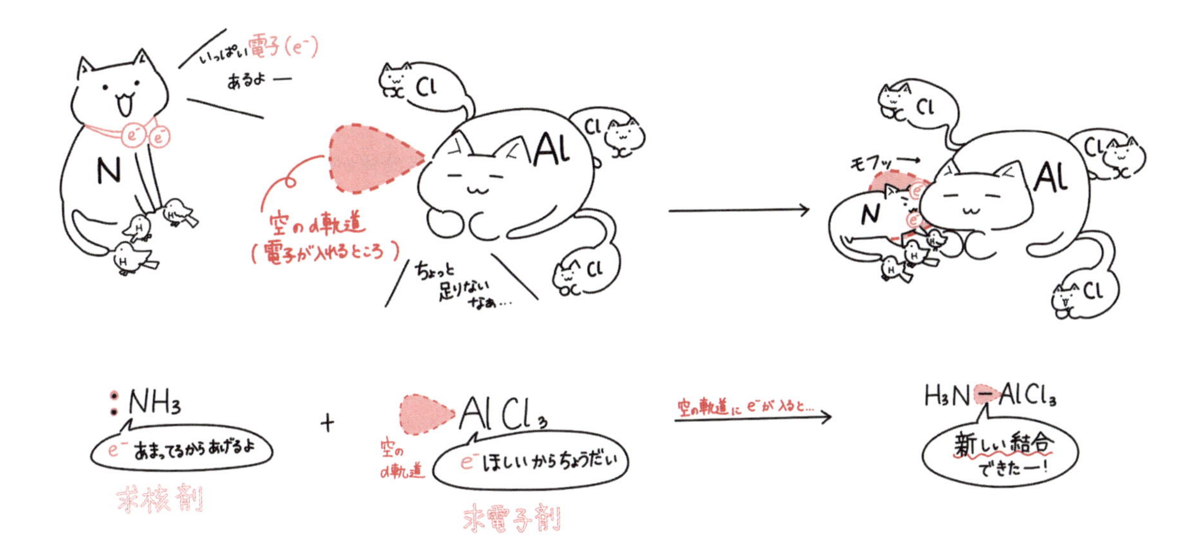

ただし，分子が大きくなってくると，どの位置でどのような反応が起こりやすいのか判断が難しくなってきます．電子の余っているところ，足らないところはどうやって見つけるのでしょうか．ここで大事なのが電気陰性度です．

電気陰性度の考え方は 1.4 節で学びましたが，もう一度，思い出しましょう．電気陰性度は「分子内の原子が電子を引き寄せる相対的な強さ」と考えることができます．ここでクロロエタンを考えましょう（図 4.1.4）．

(a)
$$\begin{array}{ccccc} & H & H & \\ & | & | & \\ H- & C- & C- & Cl \\ & | & | & \\ & H & H & \end{array}$$

(b)
$$\begin{array}{ccccc} & H & H & \\ & | & | & \\ H- & C- & C^{\delta+} & Cl^{\delta-} \\ & | & | & \\ & H & H & \end{array}$$

(c)
$$\begin{array}{ccccc} & H & H & \\ & | & | & \\ H- & C- & C- & Cl \\ & | & | & \\ & H & H & \end{array} + Nu^- \longrightarrow \begin{array}{ccccc} & H & H & \\ & | & | & \\ H- & C- & C- & Nu \\ & | & | & \\ & H & H & \end{array} + Cl^-$$

図 4.1.4　クロロエタン
(a) 構造式，(b) 分極．(c) 反応．

この分子は水素，炭素，塩素原子を含みます．それぞれの電気陰性度は 2.2, 2.5, 3.0 です．クロロエタンは H−C，C−C，C−Cl の結合をもちますが，最も電気陰性度の差が大きい（最も結合の分極が大きい）のは，C−Cl 結合です．ここから，塩素原子がマイナス電荷，その隣の炭素原子がプラス電荷をもつことが予想できます（図 4.1.4（b））．

この C−Cl 結合の分極からどのようなことが予想できるでしょうか．まず，プラス電荷を帯びている炭素原子へ，電子豊富な求核体が攻撃しやすくなるでしょう．また，マイナス電荷を帯びている塩素原子は，塩化物イオン Cl^- として取れやすいことが予想されます．このような反応は実際に起こります．求核体を Nu^- で示すと，図 4.1.4（c）のようになります．この反応については第 7 章で学びます．

もう 1 つ，カルボニル基をもつアセトン分子を考えましょう．この分子は水

図 4.1.5　アセトン分子の分極

素，炭素，酸素原子を含み，それぞれの電気陰性度は2.2，2.5，3.5です．最も電気陰性度の差が大きい結合はC=O結合ですね．実際，C=O結合は図4.1.5のように分極しています．

ここから，カルボニル基の炭素原子には求核体が攻撃しやすいことが予想されます．一方，カルボニル基の酸素原子には電子不足な原子や分子が結合することが考えられます．カルボニル基の反応については第9，10章で学びます．

例題 4.1

次の化合物のルイス式を書き，それぞれがルイス酸，ルイス塩基のどちらであるかを考えてみよう．

(1) NH_3　(2) BH_3　(3) H_2O　(4) CH_3^+

キーワード

結合の生成と切断，反応機構，曲がった矢印，電子のあるほうからないほうへ

4.2 曲がった矢印

4.2.1 化学反応をすべて覚えるのは無理

高校の有機化学でも，いくつかの反応を学びました．それらは数が少ないので，なんとか暗記で乗り切ることもできたかもしれません．ところが，大学の有機化学では膨大な数の反応が出てきます．「そのたびに，反応の左辺と右辺を丸暗記したらいいんじゃないんですか？」みたいな考えだと，新たな反応が出てくると，すべて覚えなくてはいけません．さらに，この勉強法では，全く新しい反応が出てきたときに，どことどこが反応して，どんな生成物が得られるのかを予想できません．

化学反応の基本は結合の生成と切断で，これを繰り返すことで，反応が進行していきます．これは，水分子からプロトン（H^+）が取れるだけの非常に単純な反応でも，細胞の中で起こっている複雑な化学反応でも同じです．

これまでの章で見てきたように原子と原子は電子対を介して共有結合で繋がっています．この共有結合の切断と生成を繰り返しながら化学反応は進みますので，電子対の動きを追いかければ化学反応の機構が理解できそうです．そこ

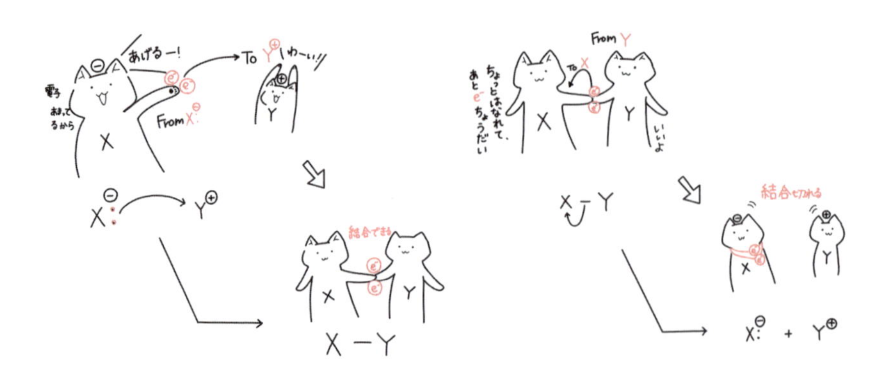

で，共有結合を作っていた電子対がどこにいったのか，新たにできた共有結合を作っている電子対はどこからやってきたのかを図にするのが「曲がった矢印」です．

4.2.2 曲がった矢印の書き方

では，「曲がった矢印」の書き方を学んでいきましょう．まず，原子 X と Y が共有結合で繋がっている状態を考えましょう．次のように書くことができますね．

−X−Y−

原子 X と Y の結合を線で示した図

次に，X と Y に挟まれた結合に注目しましょう．この結合の正体は，結合電子対ですので，このように書き換えることができます．

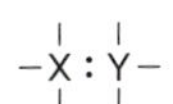

原子 X と Y の結合を結合電子対で示した図

この結合電子対は原子 X と原子 Y に共有されています．いい換えれば，この電子対が原子 X と原子 Y を繋いでいます．では，この結合にハサミを入れてみましょう．ハサミの入れ方には何通りかありますが，まず，下に示したように切ってみましょう．

$-X:Y- \longrightarrow -X^{\oplus} + :Y^{\ominus}$

原子 X と Y の結合の切断

この切り方では，X と Y に共有されていた電子対を Y のほうに渡して，結合が切断されます．その結果，原子 Y に電子対が乗って，この原子は価電子が 8 になるのでオクテット則を満たします．一方，原子 X は価電子が 6 個になるのでオクテット則を満たしません．また，切断される前は電気的に中性ですが，切断後は X がプラス電荷を，Y がマイナス電荷を帯びます．この切断作業を曲がった矢印を用いて表すと，次のようになります．

$-X-Y- \longrightarrow -X^{\oplus} + :Y^{\ominus}$

曲がった矢印を用いて示した原子 X と Y の結合の切断
（電子対は原子 Y に移動する）

4.2.3　矢印の書き方のルール

さて，矢印の書き方のルールを説明していきます．結合の切断の場合，矢印は，結合の真ん中から，電子対を受け取る原子に向かって書きます．これは「XとYの間に挟まれていた電子対を，Yのほうに移動させる」ことを意味しています．こうして，Y上に非共有電子対が現れます．一方，結合電子対が逆方向に移動した場合は，X上に非共有電子対が現れます．

$$-X-Y- \longrightarrow -X^{\ominus}: + Y^{\oplus}-$$

曲がった矢印を用いて示した原子XとYの結合の切断
（電子対は原子Xに移動する）

結合が切断される際に，結合電子対がXとYのどちらに移動するかは，この2つの原子X，Yの電気陰性度で決まります．電気陰性度とは原子が結合電子対を自分側にどのくらい引きつけるかを数字で表したものでしたね．数字が大きいほど，結合電子対をより強く引きつけることができます．

次は結合の生成を考えましょう．ここまで説明してきた結合の切断の逆を考えればよいです．

$$-X^{\ominus}: \; Y^{\oplus}- \longrightarrow -X-Y- \quad \left(-X:Y-\right)$$

曲がった矢印を用いて示した原子XとYの結合の生成

この図は，「Xの上にある非共有電子対をYと共有して結合を作りますよ」ということを意味しています．だから，X上の非共有電子対を始点に曲がった矢印を伸ばし，矢印の終点はYになるのです．

例題 4.2

次の反応式の左辺に曲がった矢印を書いてみよう．

(1)　$HO-H \longrightarrow HO^- + H^+$

(2)　$CH_3-Cl \longrightarrow CH_3^+ + Cl^-$

キーワード
反応座標図，ギブスエネルギー，活性化エネルギー，発熱／吸熱反応

4.3 反応座標図

4.3.1　反応座標図とは

化学反応が起こると，溶液が熱くなることを経験した人もいるでしょう．化学反応は熱の出入りを伴います．この熱の大きさはどのようにして決まるので

しょうか.

また，一般に化学反応は，温めると反応の速度が上がります．これはどのように説明できるのでしょうか．それをわかりやすく図に示したものが反応座標図です．ここでは，化合物 A が化合物 B になる一段階反応を考えてみましょう．

$$A \longrightarrow B$$

まず，反応座標図の軸を説明します（図 4.3.1（a））．横軸は反応座標で反応の進行状況を示します．時間の経過と考えたらわかりやすいかもしれません．最初の状態（出発物質）を左端に書いて，反応が進んで状態が変われば，それを右方向に書き足していきます．

一方，縦軸は**自由エネルギー**（free energy）です．それぞれの状態がもっているエネルギーの大小を縦軸の位置で表します．

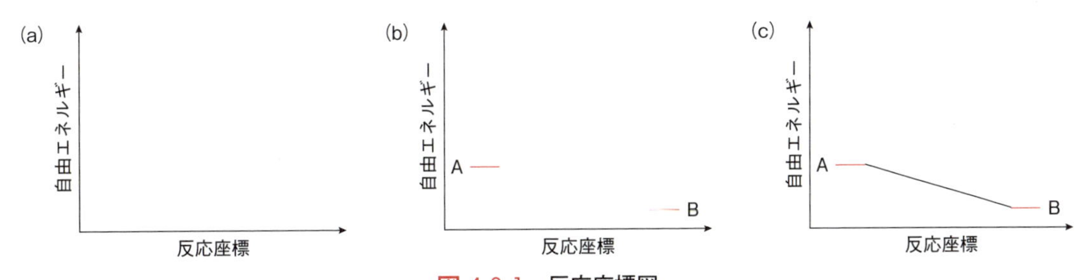

図 4.3.1　反応座標図
（a）軸，（b）出発物質と最終生成物，（c）反応経路．

では，化合物 A と B の状態を書きこんで行きましょう．この反応は一段階で，出発物質が A，最終生成物は B なので，A を左側，B を右側に書きます．

ここで，A は B よりも高いエネルギーをもっているとします．ここまでの情報を反応座標図に書き込むと，図 4.3.1（b）のようになります．

この図より，「反応は A から B へ進む」「A は B よりもエネルギーをもっている状態」ということが読み取れます．

では，A から B へ反応が進んでいく際にどのような経路を通っていくのでしょうか．最初に思いつくのは，図 4.3.1（c）のように高エネルギーな A の状態から低エネルギーの B へ一直線に進む経路ですね．

4.3.2　実際の反応は

しかし，実際はこうなりません．典型的な反応経路は図 4.3.2（a）のようになります．

反応が起こると，出発物質の A からまず，縦軸の上方向に向かいます．そして，ピークを過ぎたあとは，下方向に向かい，B に到達します．この際，頂点

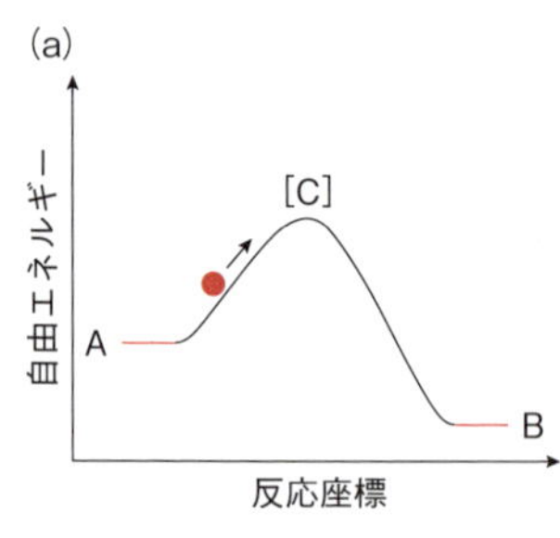

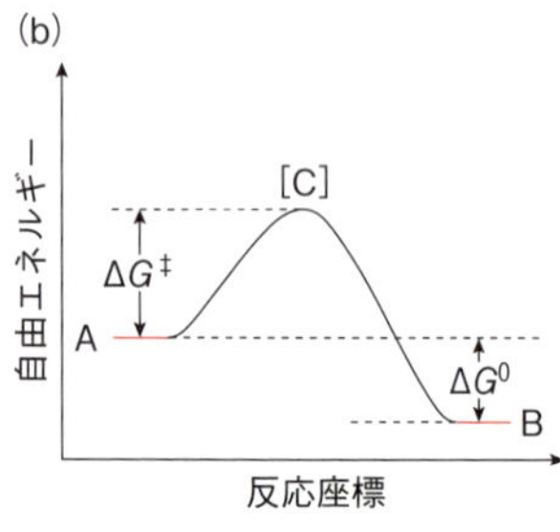

図 4.3.2　実際の反応座標図
(a) 実際の図，(b) エネルギーも書き加えたもの．

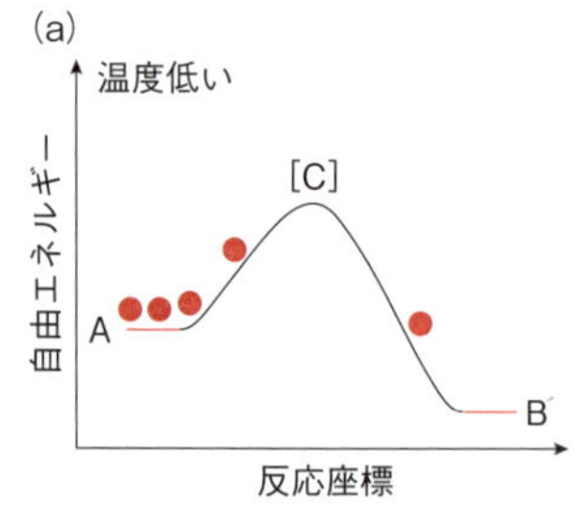

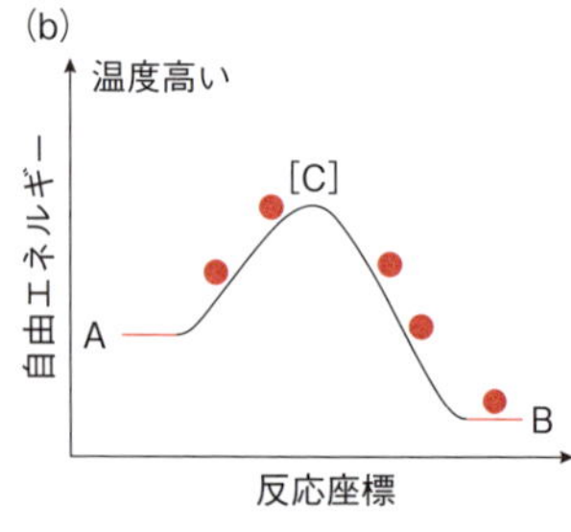

図 4.3.3　反応座標図と温度の関係
(a) 低温の場合，(b) 高温の場合．

を**遷移状態**（transition state）と呼び，[C] で表します．[　] の括弧は「この状態でいる時間は非常に短いため，取り出せない」のような意味です．

この図から，A はいったん高エネルギーな C の状態を経由して，最終的に低エネルギーな B に至るということが読み取れます．A の位置にあったボールが勢いをつけて，C のピークを乗り越えて，B の位置に転がり落ちるイメージです．

それでは，この図から読み取れる情報を書き加えていきましょう（図 4.3.2 (b)）．縦軸について考えてください．まず，A から C までの長さ，つまり A から見た山の高さですね．これを $\Delta G^{\ddagger}$（デルタジー　ダブルダガーと読む）とします．もう 1 つは，A から B までの長さです．これを ΔG^0（デルタジー　ゼロと読む）とします．$\Delta G^{\ddagger}$ と ΔG^0 はそれぞれ，何を意味するのでしょうか．

$\Delta G^{\ddagger}$ はスタートの状態 A から，最も高エネルギーの状態 C までの長さですね．この $\Delta G^{\ddagger}$ を**活性化エネルギー**（activation energy）と呼びます．この反応は，A から C を経て，B へ向かいますので，$\Delta G^{\ddagger}$ の高さに相当するエネルギーをもらわないと，B には到達できません．先ほどのボールの喩えでいうと，この山を越えられないボールは再び A の位置に戻ってきます．$\Delta G^{\ddagger}$ の山を越えられるボールだけが B のところまでたどり着くことができるのです．

では，反応温度の影響を考えてみましょう（図 4.3.3）．温度が低いと，$\Delta G^{\ddagger}$ を越えることのできるボールの数は少なく，なかなか B に到達できません．これではなかなか反応は進みません．一方，温度が上がると，ほとんどのボールが $\Delta G^{\ddagger}$ を越えることができるようになります．反応を進めるために十分な温度では，次々とボールが $\Delta G^{\ddagger}$ の山を越えていきます．

一方，ΔG^0 はスタートの状態 A から，ゴールの状態 B までの高さの差です．この ΔG^0 は**ギブズエネルギー変化**（Gibbs energy change）と呼ばれ，A が B になる際の**反応熱**（reaction heat）を示します．

ここで A と B の位置を縦軸について見てみましょう（図 4.3.4）．A のほうが B よりも上にあるときは，より高いエネルギーをもつ A が，より低いエネルギーをもつ B になるので，そのエネルギー差 ΔG^0 は熱という形で放出されます．これが**発熱反応**（exothermic reaction）です．一方，B のほうが A よりも上にあるときは，より低いエネルギーをもつ A が，より高いエネルギーをもつ B になるので，このエネルギー差 ΔG^0 を外から取り込まなくてはいけません．これが**吸熱反応**（endothermic reaction）です．

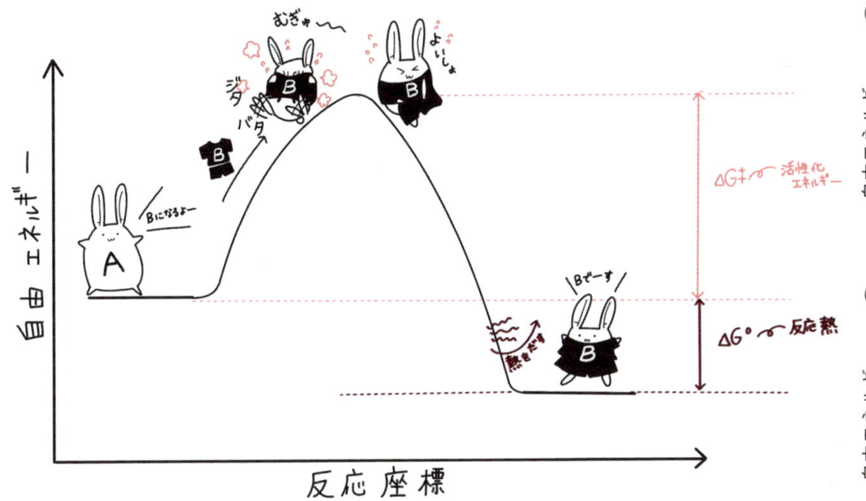

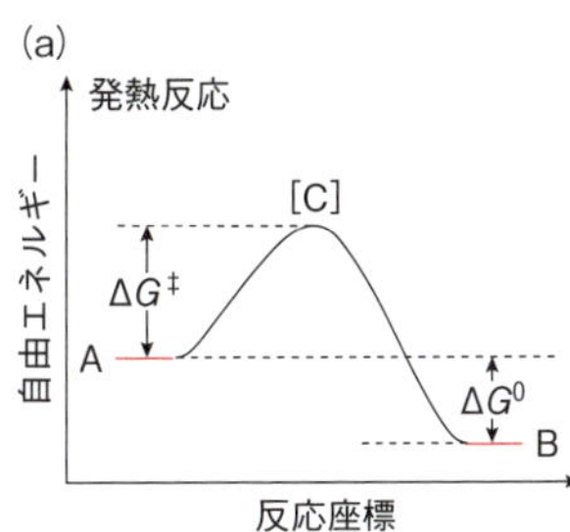

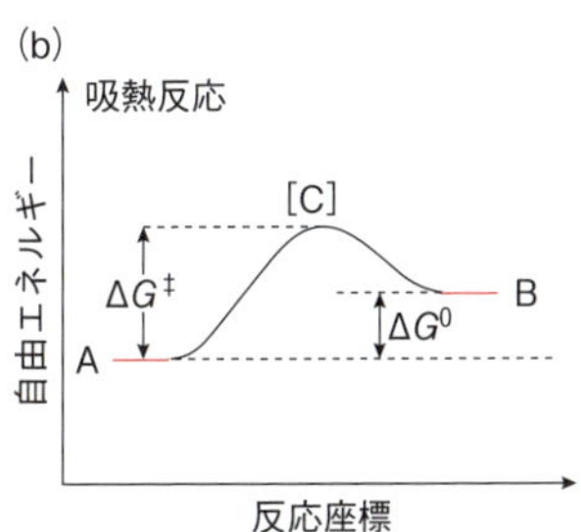

図 4.3.4　発熱反応 (a) と吸熱反応 (b)

4.3.3　反応座標図からわかること

続いて，ΔG^0 の絶対値を見てみましょう．図 4.3.5 の 2 つの反応座標図は，いずれも A が B よりも上にありますので，発熱反応です．しかし，ΔG^0 の大きさが異なります．ΔG^0 は状態 A と状態 B のエネルギー差に相当しますので，その値が大きくなるほど，より大きな熱の出入りが起こります．

これまで見てきたように，反応座標図は，反応の速さや反応熱を考える上で，非常に便利です．反応座標図のどこを見れば，どのような情報が得られるかをマスターしましょう．

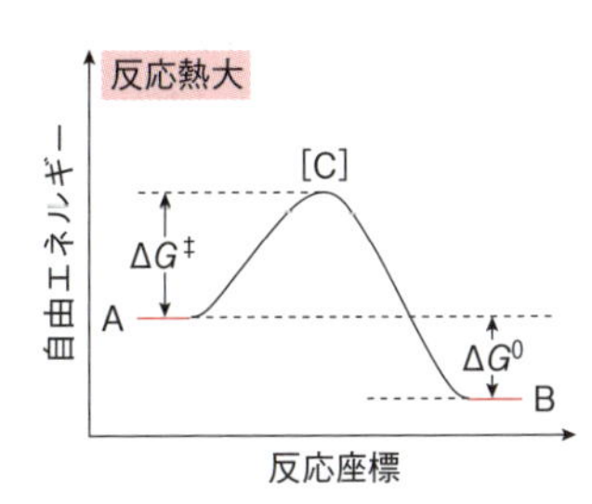

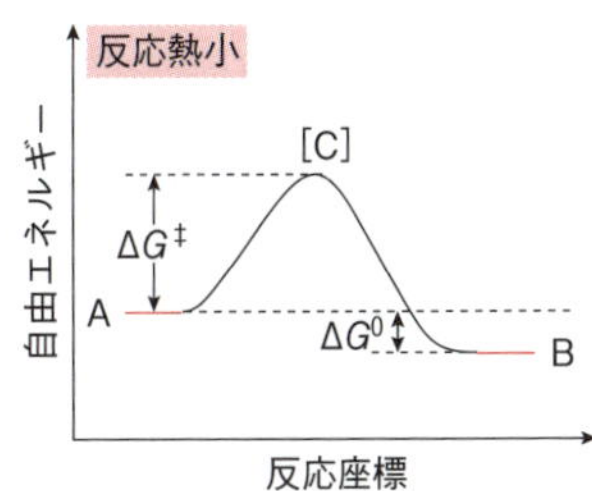

図 4.3.5　反応熱の大小

例題 4.3

次に示した反応座標図 (A)〜(D) のうち，(1) 最も活性化エネルギーの大きいもの，および (2) 最も発熱量が小さいものはどれでしょうか．

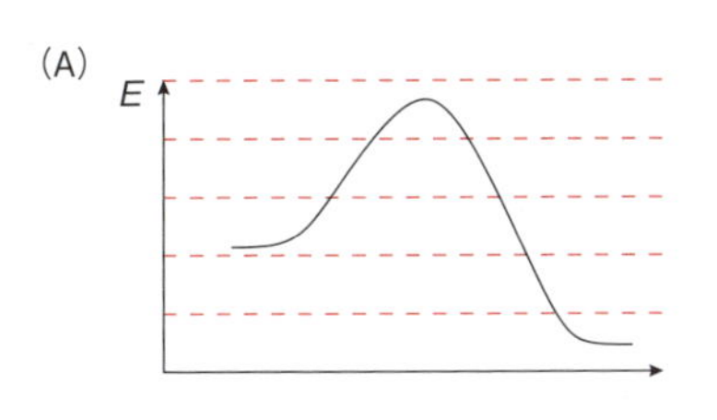

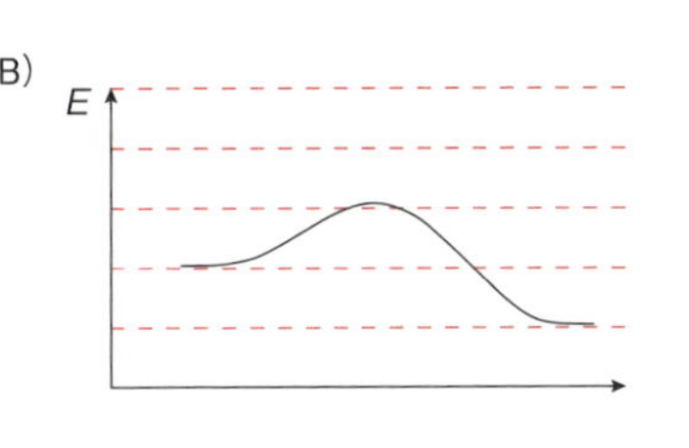

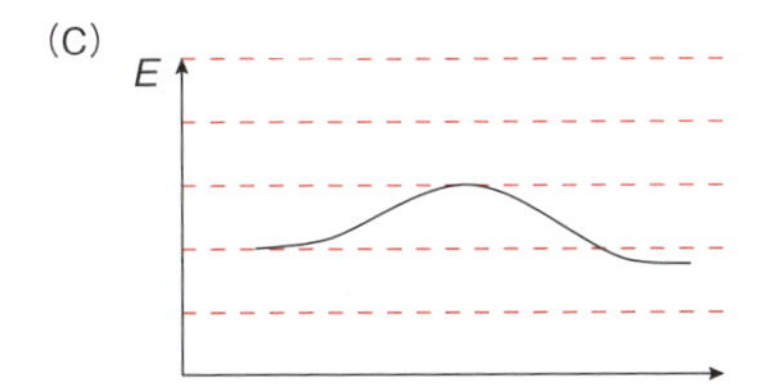

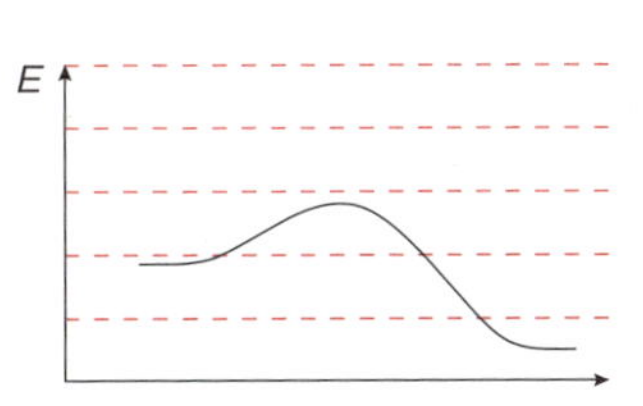

キーワード
立体障害，置換基のかさ高さ，どんな反応が起こるかを決める3つのルール

4.4 立体障害

ここまでに学んだ，「化学反応の進み方のルール」は以下の2つです．

- 反応は「分子中の電子の足らないところ」と「電子の余っているところで起こる」
- 反応の進みやすさや，熱の出入りは $\Delta G^{\ddagger}$，ΔG^{0} で考えられる．

この節ではもう1つの重要なルールを追加します．

4.4.1 反応が起こりにくい化合物

この節では，「立体的に混み合っている場所では反応は起こりにくい」という新しいルールを学びます．

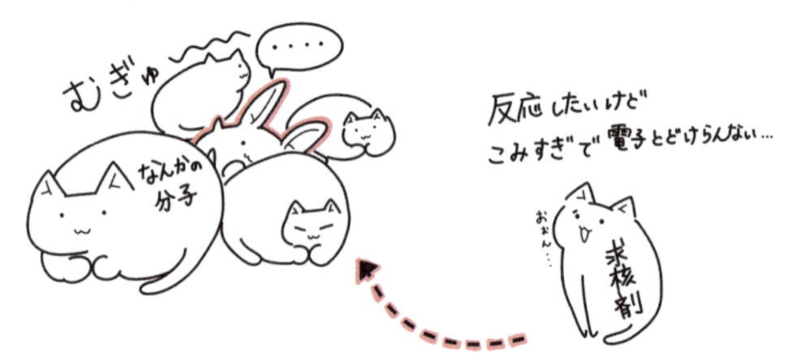

ここで，図4.4.1のような分子を考えてみましょう．IUPAC法で名前をつけると，2,2-ジメチルプロパンになります．中心の炭素原子にメチル基が4つ結合しています．構造式で表すと，図4.4.1（a）になります．

次に，これを分子模型で示してみましょう．最もよく知られているのは，図4.4.1（b）の模型ですね．原子を表す球を，結合を表す棒で繋いで，分子の構造を表します．これは**球-棒分子模型**（ball and stick model）と呼ばれます．この表記法は，原子と原子がどのように繋がっているのかを理解するのに便利です．しかし，実際の分子にはこのような棒はありません．

次に**空間充塡モデル**（space-filling model，図4.4.1（c））を用いてみましょう．これは，各原子の原子半径を反映しているので，実際の分子の姿により近い表示が可能です．

この空間充塡モデルで2,2-ジメチルプロパンを表示すると，真ん中の炭素原子は，4つのメチル基の中に埋もれてしまっています．空間充塡モデルはそれぞれの原子の半径を反映しているので，構造式ではわかりにくいフッ素原子とヨウ素原子の大きさの違いも視覚化してくれます（図4.4.2）．ヨウ素原子がどのくらい大きいか，よくわかりますね．

(a)

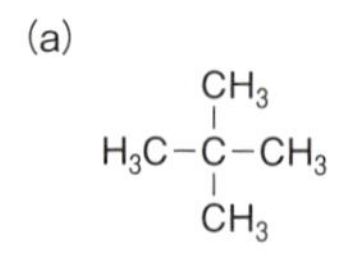

(b)

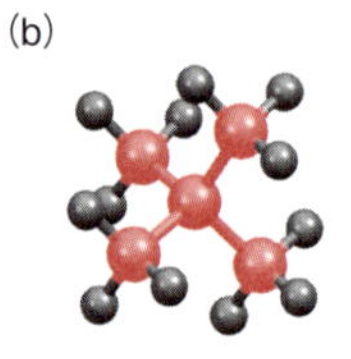

(c)

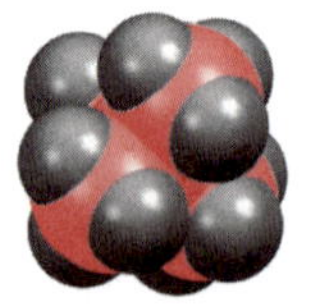

図4.4.1　2,2-ジメチルプロパン
（a）構造式，（b）棒球モデル，（c）空間充塡モデル．

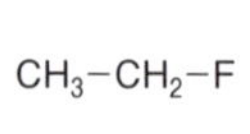

CH_3-CH_2-I

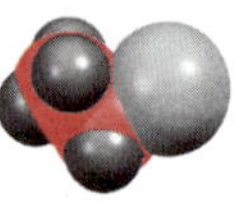

図4.4.2　ハロゲン原子の大きさの違い

4.4.2 分子の混み具合と置換基のかさ高さ

このように，空間充填モデルを使えば，その分子がどのくらい混み合っているかがわかります．それではここで，ブチル基の立体的な大きさを考えてみましょう．ブチル基は$-C_4H_9$の分子式をもつ置換基です（図 4.4.3）．このブチル基には，いくつの異性体があるでしょうか．いい換えれば，4つの炭素原子と，9つの水素原子を用いて，何種類の置換基が作れるでしょうか．

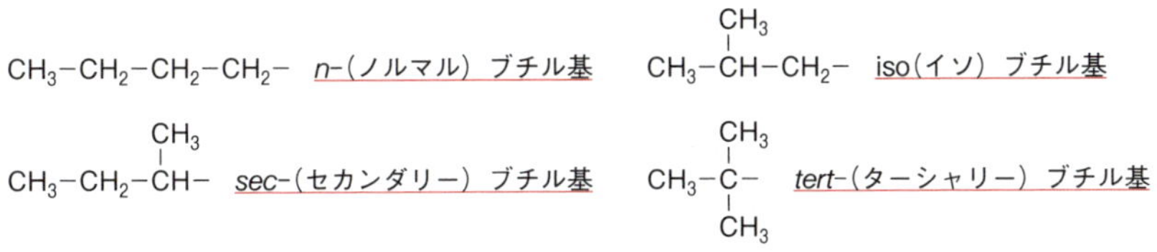

CH3−CH2−CH2−CH2−
n-（ノルマル）ブチル基
CH3
CH3−CH−CH2−
iso（イソ）ブチル基
CH3
CH3−CH2−CH−
sec-（セカンダリー）ブチル基
CH3
CH3−C−
CH3
tert-（ターシャリー）ブチル基

図 4.4.3　4 種類の置換基

答えは図 4.4.3 の 4 つです．炭素原子同士がどのように結合しているかが異なりますので，この 4 つは異性体の関係にあります．そのため，この 4 つをきちんと区別するために接頭語で，*n*-，iso，*sec*-，*tert*-の 4 つをつけます．

▶接頭語の意味
n（ノルマル）は炭素原子がすべて真っすぐつながったもの，*iso*（イソ）は末端が分岐しているもの，*sec*（セカンダリー），*tert*（ターシャリー）はそれぞれ，第二級，第三級を意味しています．この級数については 5.3 節で学習します．

さて，この 4 つの置換基では，含まれている原子の種類と数は同じです．置換基の体積は，どのくらいの大きさの原子が何個つながっているかで決まりますから，この 4 つの置換基の体積は同じと考えられます．ただし，原子の繋がり方が違うと，置換基の**かさ高さ**（bulkiness，つまり，どれだけ立体的に邪魔かということ）が異なります．たとえば図 4.4.4 の 2 つの分子を比べてみましょう．

(a)
CH2−CH2−CH2−CH3
(b)
CH3
C−CH3
CH3

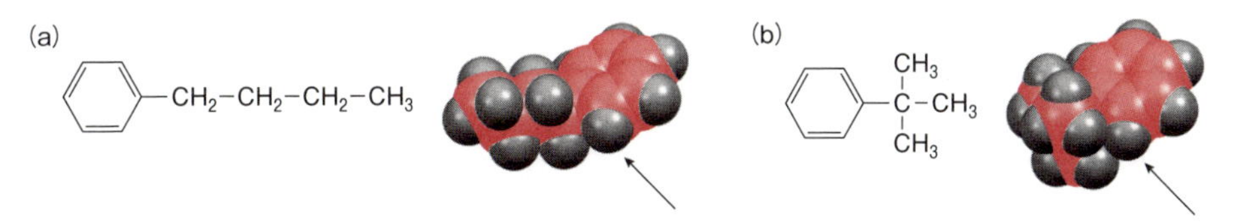

図 4.4.4　かさ高さの比較
(a) *n*-ブチルベンゼン，(b) *tert*-ブチルベンゼン．

(a) が *n*-ブチルベンゼン，(b) が *tert*-ブチルベンゼンです．この 2 つは構造異性体の関係にあって，含まれる原子の種類と数は全く同じです．

それぞれの分子を空間充填モデルで表してみると，*n*-ブチルベンゼンでは，置換基の *n*-ブチル基が一次元的に伸びた紐状の構造をもっているので，矢印で示したベンゼンの水素原子の周辺は立体的に空いています．一方，*tert*-ブチルベンゼンでは，置換基の *tert*-ブチル基が三次元的に広がっていますので，矢印で示したベンゼンの水素原子の周辺が立体的に混み合っています．

化学反応は分子に含まれている原子と原子の衝突が起こることで始まりますから，周囲が立体的に混み合った原子ではこの衝突が起こりにくくなります．

事実，上図の *tert*-ブチルベンゼンの矢印で示した箇所での反応は，*n*-ブチルベンゼンに比べて起こりにくくなります．

ではここで，どのような化学反応が起きるかを予想するために重要な3つの考え方をおさらいしておきましょう．

- 反応は「分子中の電子の足らないところ」と「電子の余っているところ」の間で起こる．分子中のどこに電子が足らないのか，余っているのかを予想するには電気陰性度の考え方を用いる．
- 反応がどのように進むかは $\Delta G^{\ddagger}$，ΔG^{0} で考えられる．
- 「立体的に混み合っている場所では反応は起こりにくい」．

繰り返しになりますが，「これとこれが反応すれば，できる生成物はこれ！」と丸暗記する勉強法はどこかで破綻します．大学の有機化学で登場する化合物，反応の種類は非常に多いので，丸暗記できるはずがないのです．

例題 4.4

次の（a）～（c）の化合物について，矢印で示した炭素原子の周りがより立体的に混み合う順に並べよう．

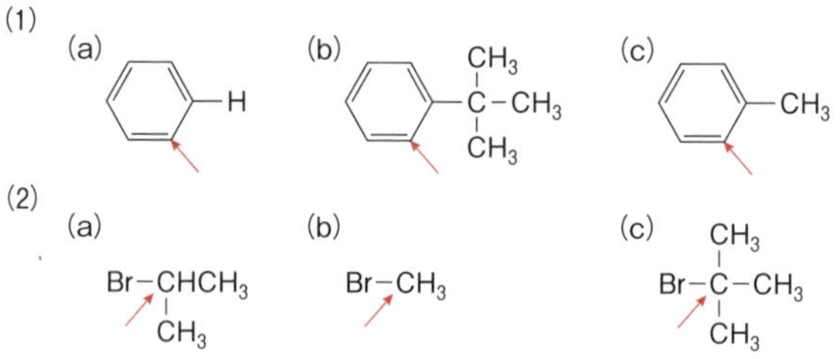

(1)
(a) C_6H_5-H
(b) $C_6H_5-C(CH_3)_3$
(c) $C_6H_5-CH_3$

(2)
(a) $Br-CH(CH_3)CH_3$
(b) $Br-CH_3$
(c) $Br-C(CH_3)_3$

5章 アルケンとアルキン

～この章で学ぶこと～

この章からはさまざまな有機化合物の命名，合成，反応を見ていきます．まずは二重結合，三重結合をもつアルケンとアルキンです．多重結合（二重結合，三重結合のこと）をもつ化合物をどう命名するか，どのようにして作るか，またどのような試薬と反応するかなど，一気に情報量が増えますが，今まで学んできたことに少しずつ新しい知識を追加していきましょう．くれぐれも，丸暗記はしないでください．

5.1 アルケンとアルキンの命名

キーワード

主鎖，多重結合の位置，多重結合を表す接尾語

まず，アルケンとアルキンの命名法について学びましょう．化合物の命名は退屈な作業かもしれませんが，ここをしっかりと理解しておかないと，どの化合物について話しているかわからなくなります．命名のルールは厳格に決められていて，その規則に従えば，いつ誰が命名しても1つの名前になります．

アルケンの命名は，第2章で学んだアルカンの命名が基礎になります．アルカンの命名法をしっかり理解しておけば，そこにほんの少しの追加ルールを加えれば，アルケンも命名できるようになります．アルキンも同様です．

5.1.1 主鎖を見つける

図5.1.1の化合物の命名をしてみましょう．炭素の数は5つです．炭素-炭素二重結合を含みますので，この化合物はアルケンに分類されます．原子がまっすぐに繋がった鎖状の化合物です．

$CH_3-CH=CH-CH_2-CH_3$

図5.1.1　二重結合をもつ炭素数5つの炭化水素

鎖状化合物の場合，最初にする作業は「主鎖を見つける」です．主鎖の決め方の基本は，「最も長い鎖を見つける」ことですので，分子の端からもう1つ

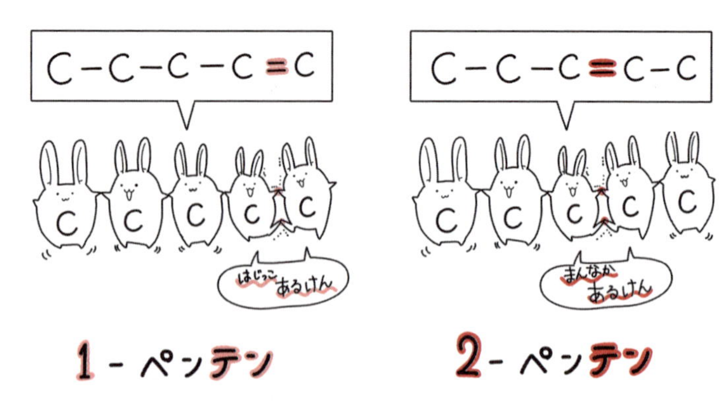

の端までの炭素の数を数えて，最も長い鎖を探してください．この化合物では端が2箇所しかありませんので，自動的に主鎖が決まります．炭素を5つ含む鎖，これが主鎖です（図5.1.2）．

$CH_3-CH=CH-CH_2-CH_3$ → ここが主鎖（炭素が5つ）

図 5.1.2　主鎖の取り方

ここで，炭素の数が5つのアルカンの名前を思い出しましょう．ペンタンですね．英語での名前は「pentane」です．このスペルが後で必要になります．

5.1.2　二重結合の場所を見つける

次に，二重結合の場所を決めます．主鎖の端から順番に1～5の番号をつけていきます．この際，どちらの端から番号をつけるかによって，2通りの方法が出てきますね．とりあえず，両方やってみましょう．

```
5     4    3    2     1
CH3−CH=CH−CH2−CH3
1     2    3    4     5
```

図 5.1.3　主鎖への番号の付け方

図5.1.3のように2通りの番号をつけることができます．この番号を使って，二重結合の位置を決めましょう．二重結合は炭素原子と炭素原子の間にかかっているので，その場所を指定するには○番と○番の間のように考えます．この考え方を適用すると，この化合物の二重結合は，「2番と3番の間」もしくは「3番と4番の間」ということになります（図5.1.4）．

```
5     4    3    2     1   二重結合は3番と4番の間
CH3−CH=CH−CH2−CH3
1     2    3    4     5   二重結合は2番と3番の間
```

図 5.1.4　二重結合の位置の決め方

このとき，二重結合の位置は，隣り合った炭素原子のうち，小さいほうの番号で表します．たとえば「2番と3番の間」なら，二重結合の位置は2番とします．そうすれば，自動的に，「二重結合は2番と3番の間」だとわかります（図5.1.5）．

ここまでの考え方を適用すると，主鎖の右から番号を割り振った場合は，二重結合の位置は3番になります．一方，主鎖の左から番号を割り振った場合は，2番になります（図5.1.5）．

5　4　3　2　1　二重結合の位置は3番
$CH_3-CH=CH-CH_2-CH_3$
1　2　3　4　5　二重結合の位置は2番

図 5.1.5 どちらの位置番号を採用するか

さて，どちらを採用したらよいでしょうか．このとき「二重結合の位置を表す番号ができるだけ小さい番号になるように」というルールが決められています．そうすると，正解は2番ですね．この「できるだけ小さい番号になるように」というルールは化合物の命名でよく出てきます．何かの位置を番号で指定することが必要になったら，このルールを思い出してください．

5.1.3 名前をつける

では，ここまでの情報を整理します．

- 主鎖は炭素数5．ベースとなるアルカンはペンタン（pentane）
- 二重結合の位置を示す番号は2番

ペンタン（pentane）の名称ですが，これは pent- と -ane がくっついたものと考えられます．この時，「pent-」が炭素数5を，「-ane」がアルカン（飽和炭化水素）を示します．今，名前をつけようとしている化合物は，炭素数5のアルケンです．アルケンを表す接尾語は「-ene（エン）」です．これを用いて名前をつけると，pent-（炭素数5の）＋ -ene（アルケン）→ pentene（ペンテン）となります．pentene という名前が決まりました．

でも，これで終わりではありません．もう一息です．アルカンであるペンタン（pentane）は炭素と炭素の間の結合がすべて単結合なので，「炭素5つがまっすぐ繋がったアルカン」は1種類しかありません．そのため，「pentane」と書けば，どの化合物かわかります．一方，「炭素5つがまっすぐ繋がったアルケン」は，主鎖の1番と2番の間が二重結合のものと，2番と3番の間が二重結合のものの2種類があります（図 5.1.6）．これらは互いに構造異性体の関係なので，区別する必要があります．

$CH_3-CH=CH-CH_2-CH_3$

$CH_2=CH-CH_2-CH_2-CH_3$

図 5.1.6 ペンテンの構造異性体

炭素数5のアルケン（pentene）は2種類ある．

ここで先ほど決めた位置番号を用います．命名したいアルケンは，「2種類ある pentene のうち，2番と3番の炭素の間に二重結合が入ったもの」ですので，位置番号2を用いて，2-ペンテン（2-pentene）と表します．

化合物の命名の際に，位置番号をどう表記すればよいかは，よく初心者を悩

NOTE アルケンの名前
炭素数2～6の直鎖アルケンの名前はそれぞれエテン，プロペン，ブテン，ペンテン，ヘキセンです．炭素数が4以上のアルケンでは二重結合の場所を示す位置番号が必要です．
またエテン，プロペンはそれぞれエチレン，プロピレンという慣用名で呼ばれることが多いです．

ませます.「あれ？　この数字，必要なのかな？」と迷ったときは，「その数字を付けなかったら区別できない，2種類以上の異性体が存在するかどうか」を考えてください.

5.1.4　アルキンの命名

$CH_3-C\equiv C-CH_2-CH_2-CH_3$

図 5.1.7　三重結合をもつ炭素数6つの炭化水素

次は，図5.1.7の化合物の命名をしてみましょう．炭素の数は6つ，炭素-炭素三重結合を含みますので，アルキンの仲間です．先ほど学んだように，アルケンの命名は，アルカンの命名に少しのルールを加えることで対応できました．アルキンも同様です．同じ炭素数をもつアルカンを基本骨格として，そのどこに三重結合が入っているかがわかるようにすればいいです.

まず主鎖を決めましょう．最も長い鎖は炭素数6です．6つの炭素原子をもつアルカンはヘキサン（hexane）ですね．この名前は，hex-（炭素数6）と -ane（アルカンを意味する接尾語）で成り立っていることを思い出してください.

NOTE アルキンの名前
炭素数2～6の直鎖アルキンはそれぞれエチン，プロピン，ブチン，ペンチン，ヘキシンです．この場合も，炭素数が4以上のアルキンでは三重結合の場所を示す位置番号が必要です．また，エチンはアセチレンという慣用名が広く使われています.

次に三重結合の位置を決めましょう（図5.1.8）．主鎖の左端もしくは右端から順に番号をつけていくと，左から番号をつけた場合には三重結合の位置番号は2，左から番号をつけた場合には4になります．アルケンの場合と同様，ここで採用するのは2のほうです.

1　2　3　4　5　6　三重結合の位置は2番
$CH_3-C\equiv C-CH_2-CH_2-CH_3$
6　5　4　3　2　1　三重結合の位置は4番

図 5.1.8　どちらの位置番号を採用するか

アルケンを表す接尾語は「-ene」でしたが，アルキンを表す接尾語は「-yne（イン）」です．これを用いると，炭素6つのアルキンは，hex- ＋ -yne → hexyne（ヘキシン）となります．hexyneは三重結合をどこに入れるかによって，3種類の構造異性体が可能です．ここで，先ほど決めた位置番号2を用いて，2-hexyneというのがこの化合物の名前になります.

例題 5.1

次のアルケン，アルキンにIUPAC名をつけてみよう.

(1) $CH_2=CH-CH_2-CH_2-CH_3$　(2) $CH_3-CH=CH-CH_2-CH_2-CH_3$

(3) $CH\equiv C-CH_2-CH_2-CH_3$　(4) $CH_3-C\equiv C-CH_2-CH_2-CH_3$

5.2 アルケンのシス-トランス異性体

キーワード
二重結合は自由回転できない，立体異性体，シス-トランス異性体

5.2.1 二重結合の生成

続いてアルケンのシス-トランス異性体について考えましょう．これは高校の化学でも出てきたかもしれません．

まず，炭素-炭素二重結合の成り立ちを考えましょう．アルケンの炭素-炭素二重結合を作る炭素原子は sp^2 混成軌道です．これは炭素原子を中心にして3本の軌道が伸びています（図5.2.1（a））．

ここで重要なのは，この3つの軌道はすべて同一平面上にあることです．斜め上からこの sp^2 炭素原子を見ると図5.2.1（b）のようになります．

続いてこの炭素原子に2p軌道を書き込みます（図5.2.1（c））．この2p軌道は，2s軌道と2p軌道を使って sp^2 混成軌道を作る際に使われずに残った軌道です．この2p軌道は sp^2 混成軌道に直交しています．

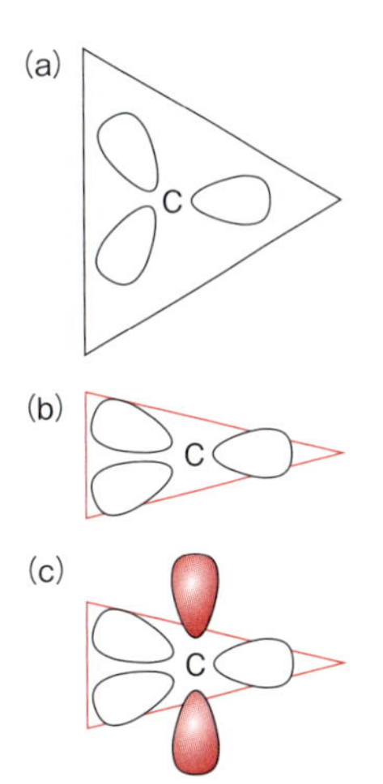

図5.2.1 sp^2 混成軌道
（a）真上から見た図，（b）斜め上から見た図，（c）2p軌道を加えて斜め上から見た図．

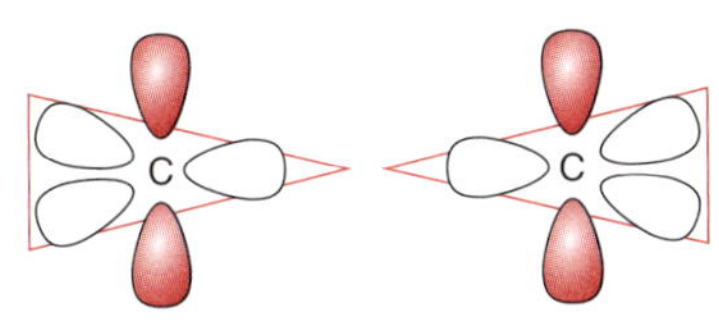

図5.2.2 2つの sp^2 混成軌道をもつ炭素原子を繋ぐ

では，炭素原子と炭素原子の間に結合を作っていきましょう．図5.2.2のように炭素原子2つを並べます．そして，炭素原子同士を接近させてください．すると sp^2 軌道同士が σ 結合を形成するように重なります．これは炭素-炭素単結合を作る際と同じです．

そしてもう1つ，2p軌道同士が重なりますね（図5.2.3）．これは π 結合を形成する重なり方です．sp^2 軌道同士の重なりで結合が1本，2p軌道同士の重なりで結合がもう1本，合計で2本の結合でガッチリと繋がっています．

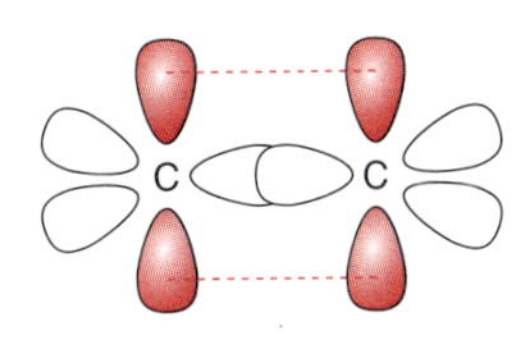

図5.2.3 σ 結合と π 結合

それでは，単結合と二重結合を比較しましょう．炭素-炭素単結合は sp^3 混成軌道が図5.2.4（a）のように重なってできています．この重なり方だと，この結合が回転しても，軌道の重なり方は変化しません．つまり炭素-炭素単結合では，結合の回転が可能です．事実，炭素-炭素単結合は室温でもすごい速さで回転しています．

次に，炭素-炭素二重結合を見てみましょう．ここで注目する軌道は2p軌道です．π 結合を作る2つの2p軌道は図5.2.4（b）のように縦に並べた状態で重なっていますので，この結合をねじってしまうと，2p軌道同士が重ならなくなってしまいます．これは結合の切断を意味しますので，分子が壊れてしまいます．

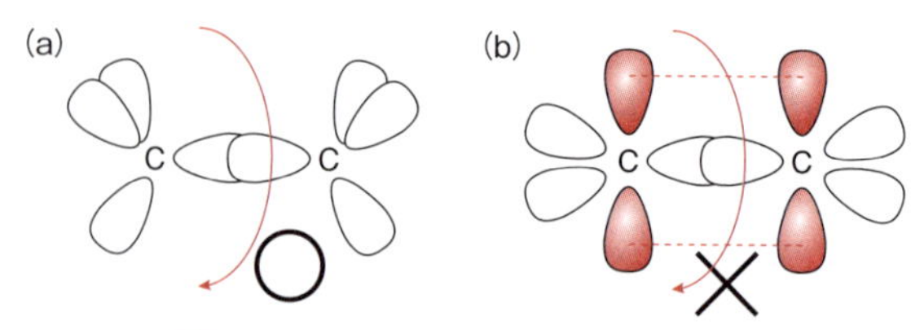

図 5.2.4　単結合と二重結合の違い

(a) 炭素-炭素単結合は回転しても sp^3 軌道の重なり方は変わらない．(b) 炭素-炭素二重結合を回転させると，2p 軌道が重ならなくなって，結合が切れて（分子が壊れて）しまう．

ここまでをまとめてみましょう．炭素-炭素二重結合を回転させようとすると 2p 軌道同士が重なった π 結合をいったん切断しなければなりません．ところがこの π 結合は室温付近のエネルギーでは切断できません．その結果，二重結合は室温では回転できません．

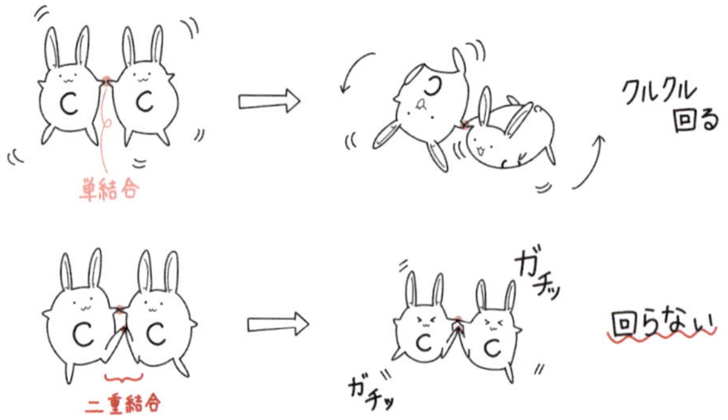

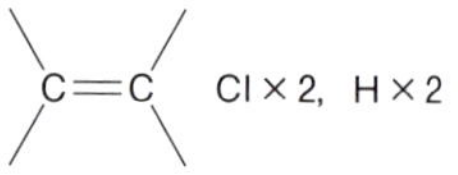

単結合　クルクル回る

二重結合　ガチッ　ガチッ　回らない

C＝C　Cl × 2，H × 2

図 5.2.5　使う部品

炭素-炭素二重結合が回転できないことが原因で，どのような現象が起こるでしょうか．ここで分子を組み立ててみましょう（図 5.2.5）．使う部品は炭素-炭素二重結合のユニットが 1 つで，ここからは 4 つの結合が伸びています．さらに塩素原子が 2 つ，水素原子が 2 つです．

この部品を使って組める分子は何通りあるでしょうか．正解は図 5.2.6 の 3 つです．この 3 つは，それぞれの分子を組み立てるのに使われている原子の種類と数は同じ（分子式は $C_2H_2Cl_2$ ですべて同じ）ですが，すべて互いに違うものです．

ここでおさらいです．「分子式は同じだけど，何かが異なるから全く同じ化合物にならない」のが「異性体」でしたね．では，これらはどのように異なるのかを見ていきましょう（図 5.2.7）．

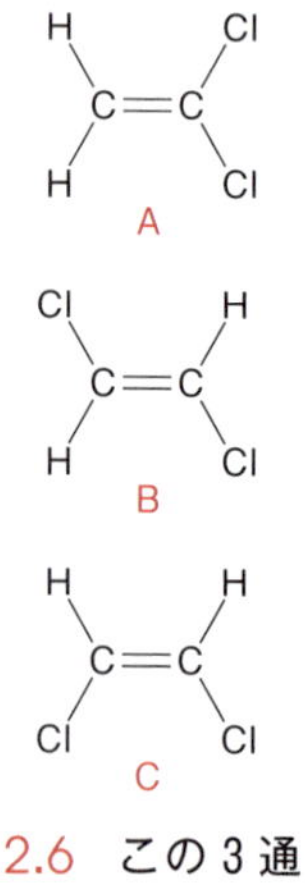

A　B　C

図 5.2.6　この 3 通りの分子がある

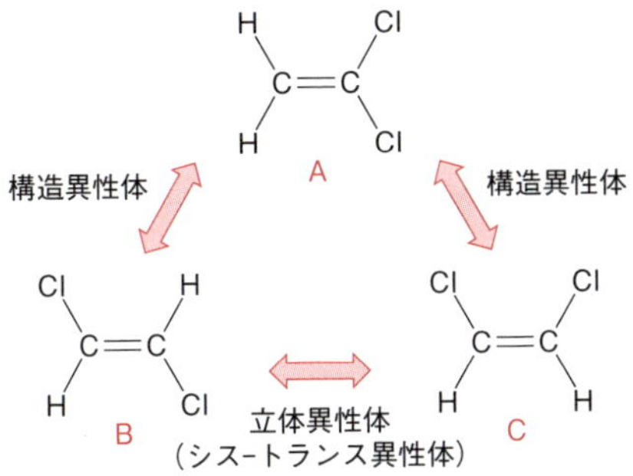

図 5.2.7 それぞれの関係

まず，A と B を比べましょう．何が違うでしょうか．A では 1 つの炭素原子に 2 つの塩素原子が結合していて，もう 1 つの炭素原子には 2 つの水素原子が結合しています．一方，B では右側の炭素原子には塩素原子 1 つと水素原子 1 つが結合しています．もう片方の炭素原子についても同じです．

このように A と B を比べると，含まれている部品（つまり原子）の種類と数は全く同じですが，それらの繋がり方が異なります．このような場合，A と B は構造異性体の関係です．A と C も同じく構造異性体の関係ですね．

では，B と C はどういう関係でしょうか．この 2 つも分子式は同じです．さらに，2 つの炭素原子がそれぞれ塩素原子 1 つと水素原子 1 つと結合して，炭素-炭素二重結合をもつので，原子の繋がり方も同じです．

では，塩素原子の生えている方向を見てみましょう．B では 1 つの塩素原子は左上，もう 1 つは右下を向いています．塩素原子が向いている方向の上下について考えれば，片方は上，もう片方は下を向いています．一方，C では，2 つの塩素原子は両方が上を向いています．B の真ん中の炭素-炭素二重結合を 180° 回転させれば C になりますが，上で見たように炭素-炭素二重結合は室温では回転しません．そのため，B と C は互いに異なるものと考えなければなりません．

このように，分子式も原子同士の繋がり方も同じだが，原子（もしくは置換基）の向いている方向が異なるので，この 2 つは立体異性体の関係です．立体異性体が現れる理由には何種類かありますが，この場合は炭素-炭素二重結合が室温で回転できないことに由来します．これを特に「シス-トランス異性体」と呼びます．立体異性体とシス-トランス異性体の包含関係は図 5.2.8 のようになります．

図 5.2.8 立体異性体とシス-トランス異性体の関係

5.2.3　3つの異性体の性質の違い

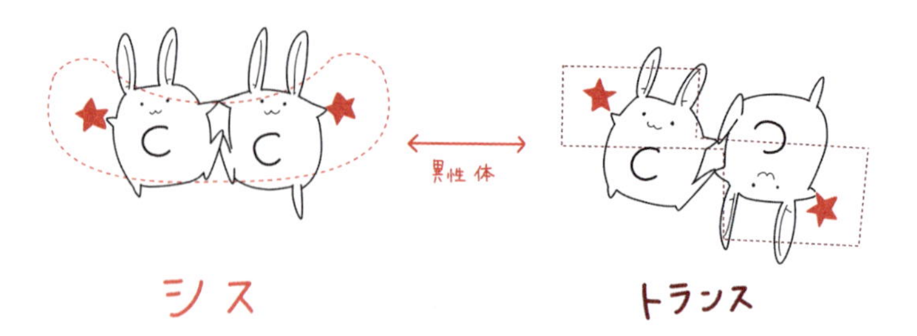

シス体とトランス体の区別の仕方を考えます．化合物Bの sp^2 炭素に結合した2つの水素原子に注目してください．1つの水素原子が上方向を，もう1つの水素原子が下方向を向いているので，2つの水素原子は互いに逆方向を向いています．これをトランス型と呼びます．一方，化合物Cでは2つの水素原子は同じ方向を向いています．これをシス型と呼びます．

シス-トランス異性体の区別に *E* と *Z* を使うこともありますが，これについてはより詳しい本で勉強してください．ここでは化合物A～Cは互いに異なる化合物であるということと，互いに何の関係にあるかをしっかりと理解してください．

では，最後に化合物A～Cの性質について考えてみましょう．上で見てきたように，これらの化合物は互いに異性体の関係なので，分子式は全く同じです．つまり含まれている原子の種類と数は全く同じです．分子の性質（沸点とか溶解度とか反応性）は，どのような原子が何個含まれているかにも影響されますが，さらに原子の繋がり方も重要です．

たとえば，A～Cはすべて沸点が異なります（A：32℃，B：49℃，C：60℃）．分子の体重（分子量）は全く同じですが，分子同士が引き合う力の大きさが異なるため，沸点に違いが出てきます．

有機化学を勉強していると，異性体間で性質や反応性が違うことが何度も出てきますが，なぜそのような差が出るかを構造式から考えるようにしましょう．決して，「そういうものらしいから，覚えてしまおう」とはしないでください．

例題 5.2

次に示した（1）～（4）の化合物の各組は全く同じ分子，構造異性体，立体（シス-トランス）異性体，全く異なる分子のどの関係にあるか考えよう．

5.3 アルケンの反応

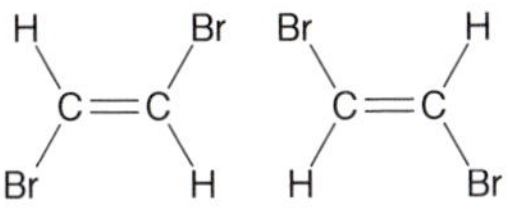

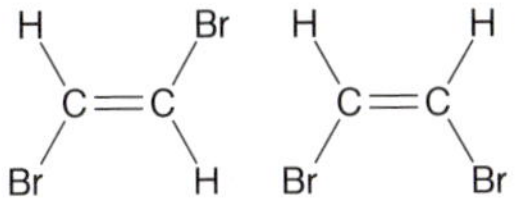

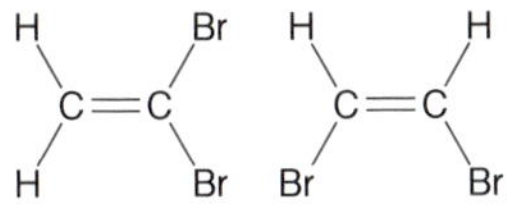

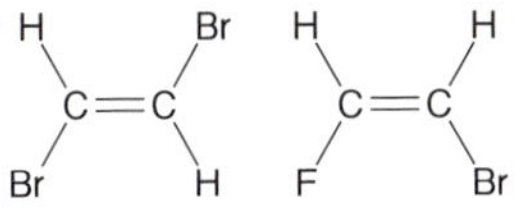

5.3.1 アルケンの付加反応

キーワード
付加反応，二段階反応，位置選択性，マルコフニコフ則

つづいてアルケンの反応について考えましょう．アルケンの炭素-炭素二重結合は σ 結合と π 結合からなるため，ここは電子豊富になります．

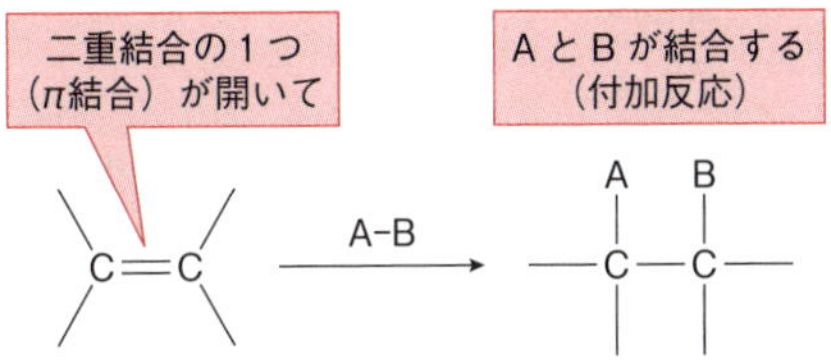

二重結合の1つ（π結合）が開いて

A と B が結合する（付加反応）

図 5.3.1 アルケンへの付加反応の基本パターン

最も代表的なアルケンの反応である付加反応を見ていきましょう．まず基本の反応パターンを紹介します（図 5.3.1）．炭素-炭素二重結合の1つ（π 結合）が開いて，そこに A と B が結合します．

最も単純なアルケンであるエチレンへのハロゲン化水素（HCl や HBr）の付加反応を考えます．炭素-炭素二重結合が開いて水素原子とハロゲン原子が結合します（図 5.3.2（a），（b））．臭素分子でも同様の反応が起こり，臭素原子2つが付加します（図 5.3.2（c））．

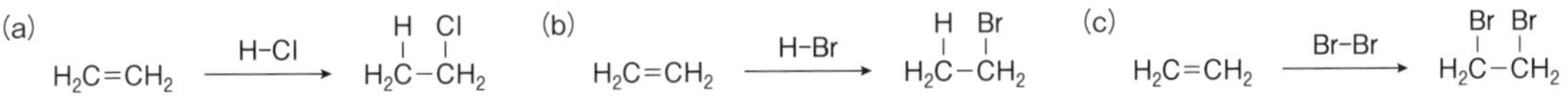

(a) $H_2C{=}CH_2 \xrightarrow{\text{H-Cl}} H_2C(H){-}CH_2(Cl)$

(b) $H_2C{=}CH_2 \xrightarrow{\text{H-Br}} H_2C(H){-}CH_2(Br)$

(c) $H_2C{=}CH_2 \xrightarrow{\text{Br-Br}} H_2C(Br){-}CH_2(Br)$

図 5.3.2 エチレンへの（a）塩化水素，（b）臭化水素，（c）臭素の付加反応

有機化学の学習では，反応式を見て，どのような反応が起こるのかをパターンで理解することが大事です．上の反応では塩化水素でも臭化水素でも臭素分子でも反応のパターンは同じです．決して，個別に丸暗記しないようにしましょう．

5.3.2 左右対称でないアルケンへの付加反応

次に，もう少し複雑なケースを考えます．エチレンの片方の sp^2 炭素原子にメチル基を2つくっつけた2-メチルプロペンについて見ていきましょう（図5.3.3）．

2-メチルプロペンは，炭素-炭素二重結合の左右が対称ではありません．この2-メチルプロペンに塩化水素を付加させるとどうなるでしょうか（図5.3.3）．どちらの炭素原子に水素原子もしくは塩素原子が結合するかで，2種類の化合物が生成します．どちらも共通の出発物質（分子式 C_4H_8）に水素が1つ，塩素が1つ結合していますので，生成物の分子式は（C_4H_9Cl）で同じです．

上の化合物では塩素原子は右端の炭素原子に結合しています．一方，下の分子では塩素原子は真ん中の炭素原子に結合しています．分子式は同じですが，原子同士の繋がり方が違いますので，この2つは構造異性体の関係になります．

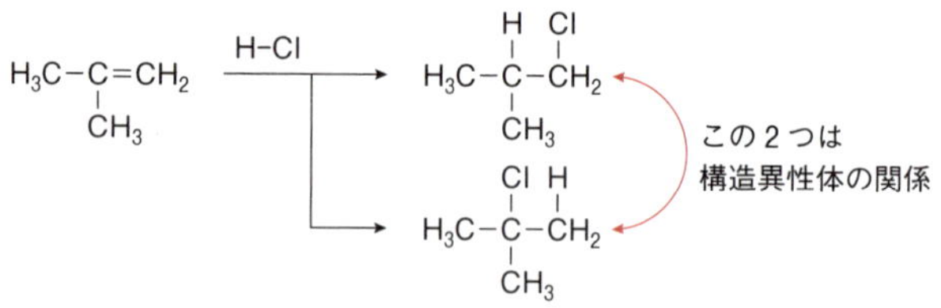

H-Cl

この2つは
構造異性体の関係

図 5.3.3 メチルプロペンの付加反応

最初に考えたエチレンの付加反応では，炭素-炭素二重結合が左右対称なので塩化水素の付加によって1種類の生成物しか得られませんでした．ところが炭素-炭素二重結合が左右非対称になってくると，付加生成物は2種類になります．

では，ここでもう一歩，考えを進めましょう．どちらの生成物がより多く得られるでしょうか．この付加反応が起こるとき，塩素原子もしくは水素原子が左右の炭素原子に結合する確率で考えることができます．塩素原子が右の炭素原子に結合する確率が50%で，左の炭素原子に結合する確率も50%なら，構造異性体の関係にある2つの生成物は1：1の比，すなわち同じ数だけ生成します（図5.3.4）．

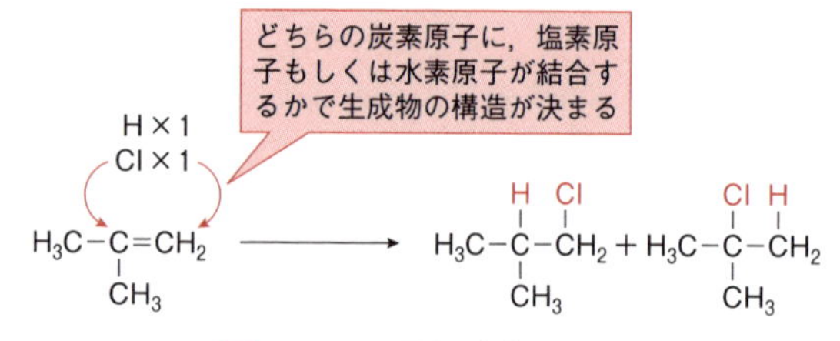

図 5.3.4 同じ確率の場合
塩素原子もしくは水素原子がどちらかの炭素原子に優先的に結合する理由がないならこのふたつの生成比は1：1になる。

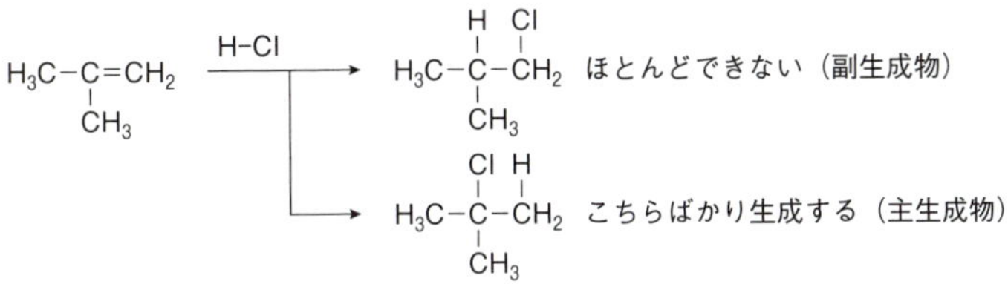

$H_3C-C(CH_3)=CH_2$ $\xrightarrow{H-Cl}$

- $H_3C-CH(H)-CH_2Cl$　すなわち H が中央の炭素、Cl が末端の炭素についたもの（$H_3C-\overset{H}{C}(CH_3)-\overset{Cl}{C}H_2$）　ほとんどできない（副生成物）
- $H_3C-\overset{Cl}{C}(CH_3)-\overset{H}{C}H_2$　こちらばかり生成する（主生成物）

図 5.3.5　実際には

ところが実際に反応させてみると，1：1にはなりません．真ん中の炭素原子に塩素原子がついた化合物が明らかに多く生成します（図5.3.5）．これは反応のどこかの段階で，片方の反応が起こりやすくなる仕組みがあることを示しています．何が起こっているのでしょうか．

高校の有機化学では，「左辺の化合物が塩化水素と反応したら，右辺の2種類の化合物が生成する．この場合，下の化合物のほうがいっぱい出てくる」と，反応の最初と最後を暗記していたかもしれません．大学の有機化学では，反応の途中で何が起こっているかを考えます（図5.3.6）．こう聞くと「面倒くさいな」と思うかもしれませんが，実はこれが，暗記を減らしてくれるのです．

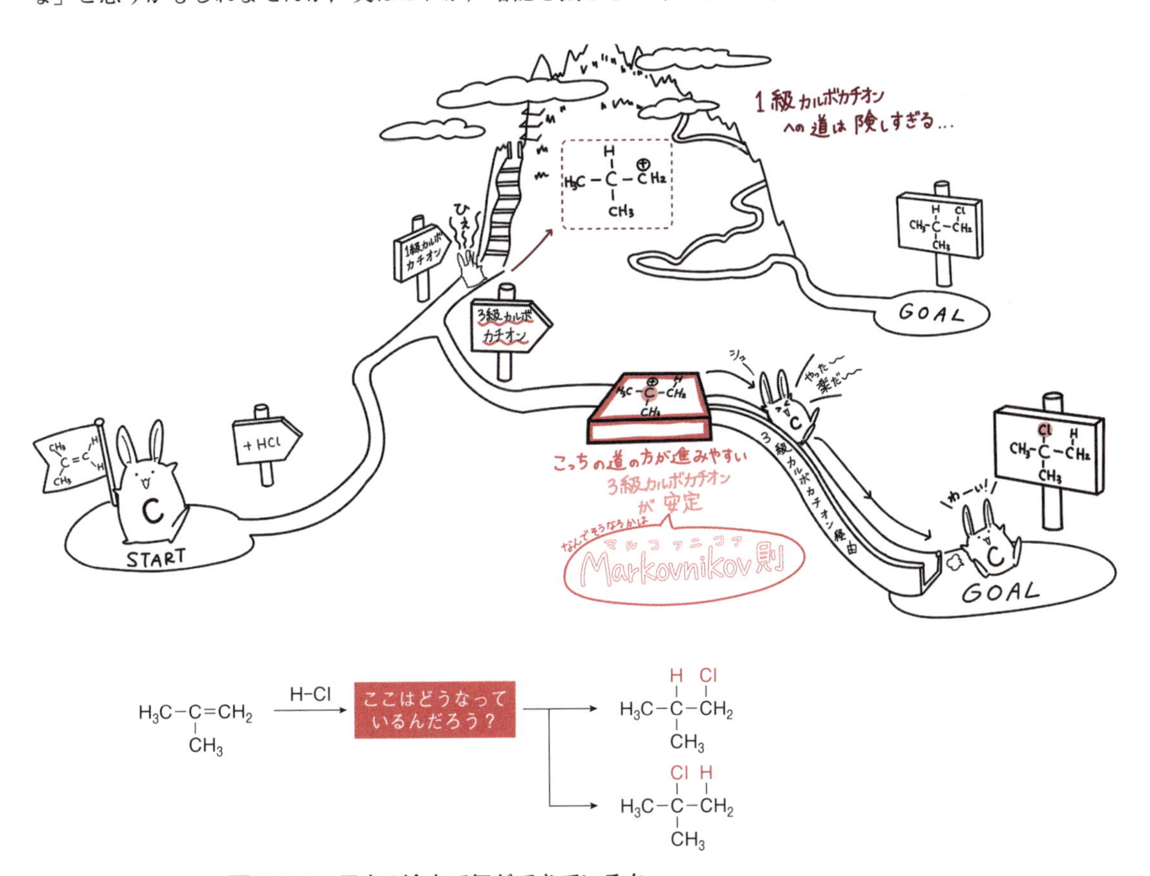

図 5.3.6　反応の途中で何ができているか

NOTE ハロゲン化水素の分極

臭化水素HBrの結合の分極は，H^+ と Br^- と考えることができます．電子豊富な炭素–炭素二重結合は，まず電子不足な H^+ と反応してカルボカチオンを生成します．次にカルボカチオンの電子不足な炭素原子が電子豊富な Br^- と反応して，最終生成物ができます．

5.3.3 なぜ生成物が偏るのか

この反応の途中で起こっていることを見ていきます．この反応では炭素–炭素二重結合に塩素原子が1つ，水素原子が1つ結合しますが，どちらの原子が先に結合するのでしょうか．もしくは2つの原子が同時に結合するのでしょうか．

実際にはアルケンへのハロゲン化水素の付加では，先に水素原子がプロトン（H^+）として結合します．この様子を電子の移動を表す曲がった矢印で描くと図5.3.7のようになります．電子豊富な炭素–炭素二重結合から塩化水素の水素原子に向かって曲がった矢印を描きます．

この矢印だけでは，水素原子のもつ結合の数が2本になっておかしくなりますので，続いて水素と塩素の間の単結合から塩素原子に向かって曲がった矢印を描きます．これは水素–塩素結合の切断を意味します．出発物質のアルケン（電気的に中性）に正電荷をもったプロトン（H^+）が結合するので，炭素原子上に正電荷をもつ化学種が生成します．このような化学種をカルボカチオンと呼びます．この際，どちらの sp^2 炭素原子にプロトンが結合するかで2種類のカルボカチオンが生成します（図5.3.7）．

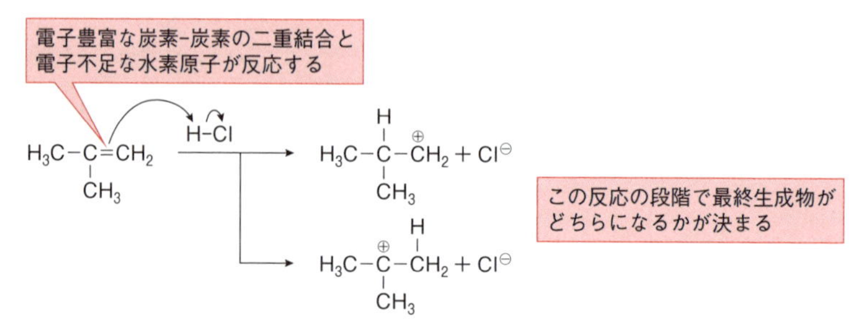

図 5.3.7 アルケンへのプロトンの付加

続いて，塩化物イオンから正電荷をもつ炭素原子に曲がった矢印を伸ばしましょう（図5.3.8）．これは炭素原子と塩素原子の間に結合ができることを意味します．

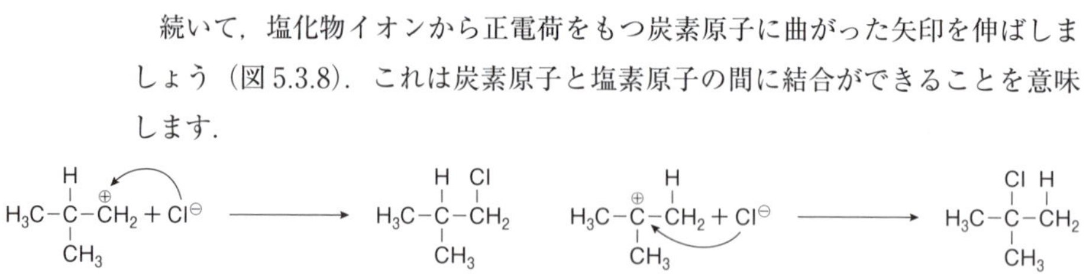

$H_3C-CH(CH_3)-CH_2^{\oplus} + Cl^{\ominus} \longrightarrow H_3C-CH(CH_3)-CH_2Cl$　　$H_3C-C^{\oplus}(CH_3)-CH_2H + Cl^{\ominus} \longrightarrow H_3C-CCl(CH_3)-CH_2H$

図 5.3.8 カルボカチオンへの塩化物イオンの付加

5.3.4 カルボカチオンの安定性

このように，アルケンへの塩化水素の付加は二段階反応です．最初にプロトンが付加してカルボカチオンが生成し，そこに塩化物イオンが反応して反応が完結します．

ここで注目してほしいのは一段階目です．プロトンがどちらの炭素原子に結合するかで，最終生成物の構造は決まってしまいます．どうやら，どちらの生成物が優先的に得られるかは，この段階が大事そうですね．

ここでもう 1 つ，重要な考え方を紹介しましょう．それはカルボカチオンの安定性です．カルボカチオンでは正電荷をもった炭素原子から 3 本の結合が伸びています．ここに水素原子もしくはアルキル基 R を結合させていきます．アルキル基が 1 つ，水素原子が 2 つ結合したものを一級カルボカチオンと呼びます（図 5.3.9）．アルキル基が 2 つ，水素原子が 1 つのものを二級カルボカチオン，すべてアルキル基のものを三級カルボカチオンと呼びます．この図では示していませんが，水素原子が三つ置換した CH_3^+ は一級カルボカチオンに分類します．

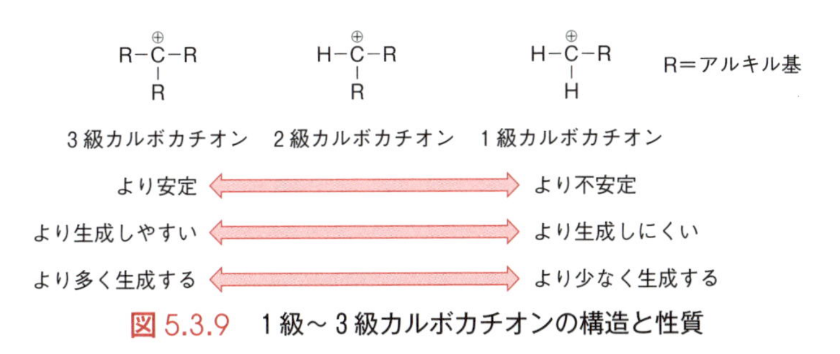

図 5.3.9　1 級～ 3 級カルボカチオンの構造と性質

この 3 種類のカルボカチオンの安定性を考えます（図 5.3.10）．カルボカチオンでは，より多くのアルキル基が結合したほうが，より安定になります．ある出発物質から 2 種類の化合物が生成する場合，より安定な生成物のほうがより生成しやすくなります．逆にいえば，より不安定なものほど，生成しにくくなります．

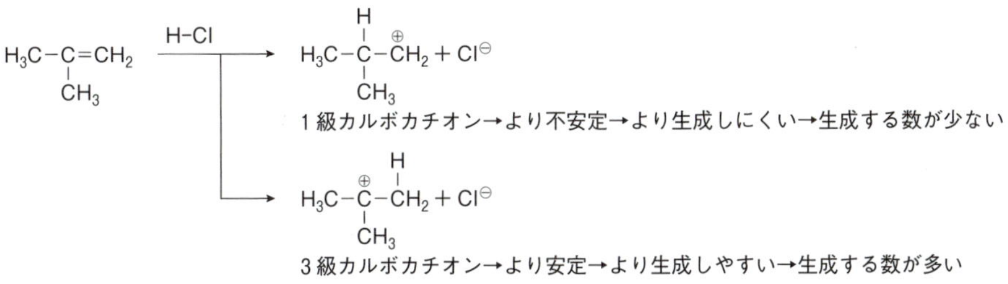

$H_3C-C(CH_3)=CH_2$ —H-Cl→ $H_3C-CH(CH_3)-CH_2^{\oplus} + Cl^{\ominus}$

1 級カルボカチオン→より不安定→より生成しにくい→生成する数が少ない

$H_3C-C^{\oplus}(CH_3)-CH_2(H) + Cl^{\ominus}$

3 級カルボカチオン→より安定→より生成しやすい→生成する数が多い

図 5.3.10　カルボカチオンの安定性

このように，生成するカルボカチオンの級数の違いが，どれだけの数の化学種が生成するかを決めています．この反応の場合では，3 級カルボカチオンが 1 級カルボカチオンよりも非常に安定なので，3 級カルボカチオンのほうが圧倒的に多く生成します．その結果，3 級カルボカチオンを経由する反応が主反応となるわけです．

この選択性は100年以上前にロシアのマルコフニコフ（Markovnikov）という化学者によって「非対称な炭素-炭素二重結合にハロゲン化水素が付加するとき，より多くの水素が結合している sp^2 炭素にハロゲン化水素由来の水素が結合する」と報告されました．これをマルコフニコフ則と呼びます．

最初は経験則でしたが，詳しく調べていくと，ここで説明したようにカルボカチオンの安定性が反応の選択性を支配していることがわかりました．

この節ではアルケンへの付加反応を例に説明しました．曲がった矢印を使って，反応の一段階ずつを順に追っていくことで電子のやりとり（結合の生成と切断）が手に取るようにわかってきます．

例題 5.3

次の（1）～（4）の反応の主生成物の構造式を書いてみよう．

(1) $H_3C-CH=CH_2 \xrightarrow{HBr}$

(2) $H_3C-C(CH_3)=CH_2 \xrightarrow{HBr}$

(3) $H_3C-C(CH_3)=CH(CH_3) \xrightarrow{HBr}$

(4) $H_3C-C(CH_3)=CH_2 \xrightarrow{HI}$

6章 ベンゼンの反応

~この章で学ぶこと~

この章ではベンゼン誘導体について学びましょう．ベンゼンは芳香族化合物に分類されます．第5章で見てきたアルケン（脂肪族化合物）も炭素-炭素二重結合をもっていますが，ベンゼンとアルケンは異なる反応性を示します．まず，芳香族化合物の命名，続いて芳香族化合物の特徴，さらにそれらの反応性について順番に見ていきましょう．

6.1 ベンゼン誘導体の命名

6.1.1 一置換体の命名

キーワード

「置換基の名前」+「ベンゼン」，構造異性体，オルト，メタ，パラ置換体

ベンゼン誘導体の命名法を学びましょう．まず，何も置換基が付いていないベンゼンについては，慣れ親しんだ「ベンゼン」の名前をそのまま使います．

次に置換基をもつベンゼンです．ベンゼンの水素原子を別の置換基に置き換えた化合物ですね．今まで見てきたように，鎖状化合物の命名では，まず主鎖を決めて，それをベースにして，どの位置に何の置換基が付いているかを示していきました．

一方，ベンゼン誘導体の場合では，基本骨格であるベンゼンのどの位置にどんな置換基が付いているかを考えます．まず，ベンゼンの水素原子1つを置換基で置き換えた一置換ベンゼンの命名を考えてみましょう．命名法はルールが複雑なので苦手という人も多いかもしれませんが，これは単純です．

基本的な考え方は，「置換基の名前」+「ベンゼン」です．たとえば，図6.1.1の化合物は，クロロベンゼン，エチルベンゼンになります．鎖状化合物の命名では，置換基の位置番号を示す必要があることが多かったですね．一方，一置換ベンゼンでは，置換基の位置番号は不要です．ベンゼン環は正六角形なので，

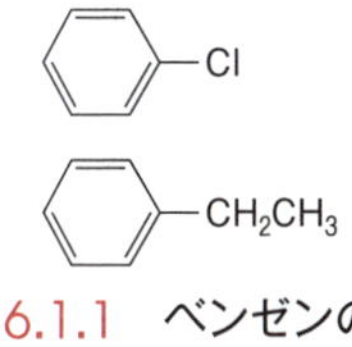

Cl

CH_2CH_3

図6.1.1 ベンゼンの一置換体の例

ベンゼンのどの水素を別の置換基に置き換えても，1種類の化合物にしかなりません.

アルケンの命名のところでも説明しましたが，置換基の位置番号は，「その数字を付けなかったら区別できない2種類以上の異性体が存在する」場合に必要となります．つまり，「1-クロロベンゼン」と書かなくても，ベンゼンの水素原子1つをクロロ基で置き換えた化合物は1種類しか存在しませんので，置換基の位置番号は不要なのです.

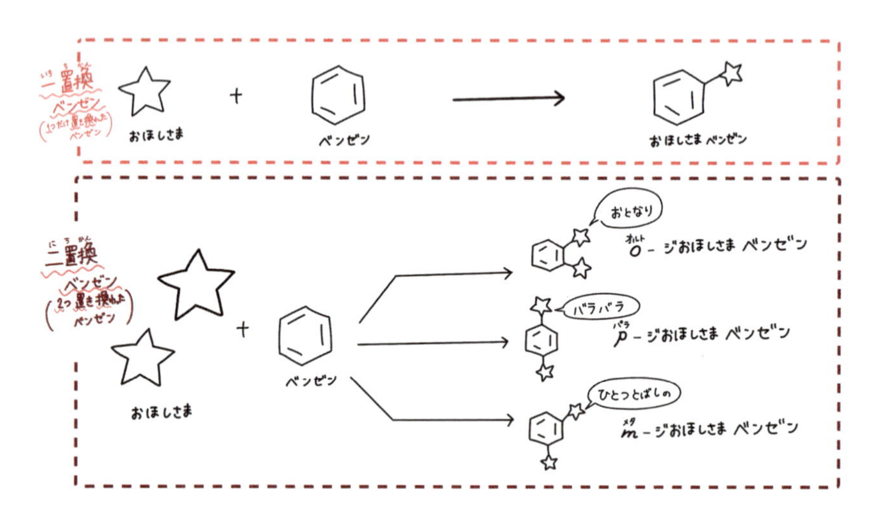

6.1.2 二置換体の命名

次はベンゼン環に2つの置換基をもつ化合物を考えましょう．話を簡単にするために，同種の置換基（ここではクロロ基）が置換した場合を考えます．ベンゼン環にクロロ基が2つ入った化合物は図6.1.2に示した3通りがあります.

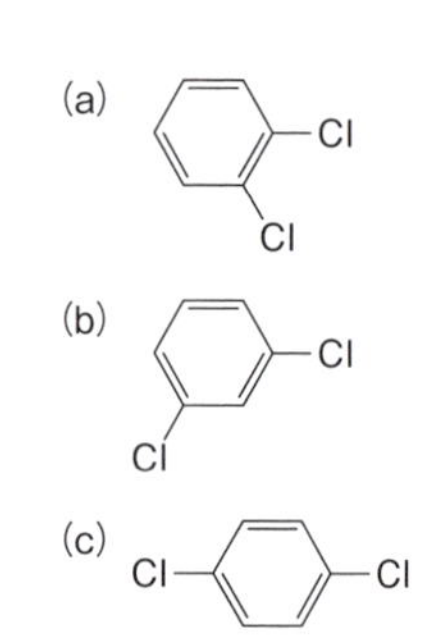

図 6.1.2 塩素原子が2つ結合したベンゼンは3種類ある

この3つは互いのどのような関係にあるでしょうか．いずれの化合物も分子式は$C_6H_4Cl_2$で同じですが，互いに形が違いますので，「これは異性体の関係だろう」と予測できますね.

これらは互いに構造異性体の関係にあります．構造異性体の関係とは「分子式が同じであるが，原子同士の繋がり方の異なるもの」です．いい換えれば，「含まれている部品の種類と数は全く同じだが，繋がり方が違うもの」です.

図6.1.2（a）の化合物の分子模型をイメージしてみましょう．この化合物をどれだけぐるぐる回しても，図（b）の化合物にはなりません．ところが，（a）の塩素原子1個と，水素原子1個を一度外して，その位置を入れ替えて再び繋ぎ直せば，（b）の化合物になります.

このように，この3種類の化合物を互いに入れ替えるためには，「部品を外して，入れ替えて，再び繋ぐ作業」が必要になります．この作業は分子のレベルでは，「結合の切断・生成」にあたり，これは化学反応そのものです．少しややこしいかもしれませんが，**結合を切ったり繋いだりしないとお互いに変換できない化合物は，同一化合物ではありません**．さらに，この2つの化合物の分子式が同じなら，それらは互いに異性体の関係にあります．つまり，図6.1.2の3種類の化合物は，すべて塩素を2つもつベンゼンですが，互いに区別する必要があります．

二置換ベンゼンの命名に話を戻しましょう．図6.1.2（a）の化合物を例にとって命名の流れを説明します．ベンゼンにクロロ基が1つ置換するとクロロベンゼンです．2つだとどうなるでしょう．「クロロクロロベンゼン」ではありません．この際，「2つの」を表す接頭語，ジ-(di-) を用いて，ジクロロベンゼン（dichrorobenzene）とします．「ジクロロベンゼン」と書けば，ベンゼン環にクロロ基が2つ置換していることはわかります．しかし，クロロ基2つの位置はこれだけではわかりません．ここで新たな記号を導入します．それが，図6.1.3に示した**オルト**（ortho），**メタ**（meta），**パラ**（para）で，それぞれ *o*-，*m*-，*p*-の記号で表します．

「ジクロロベンゼンのうち，クロロ基2つが隣り合ったもの」が「*o*-ジクロロベンゼン（*o*-dichlorobenzene）」となります．ここまで書けば，指している化合物はこれ1種類に決まりますね．

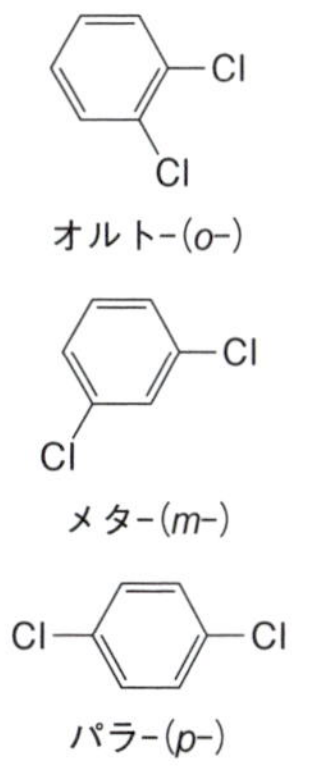

Cl Cl
オルト-(*o*-)
Cl Cl
メタ-(*m*-)
Cl Cl
パラ-(*p*-)

図 6.1.3 オルト，メタ，パラジクロロベンゼン

例題 6.1

次の化合物を命名してみましょう．

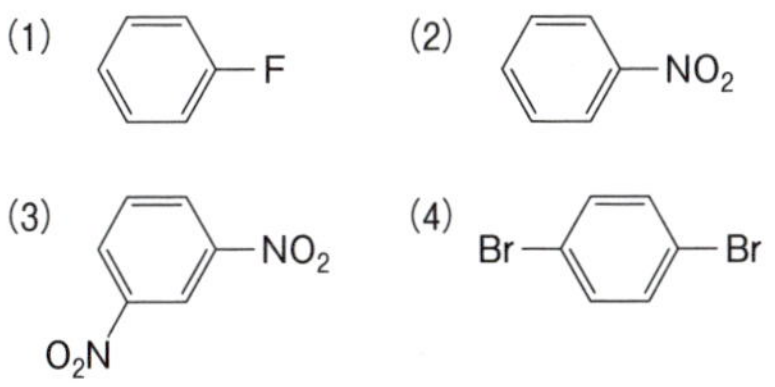

(1) F (2) NO_2

(3) NO_2 O_2N (4) Br Br

6.2 芳香族性

6.2.1 芳香族とは

キーワード

芳香族，ヒュッケル則，高い安定性

「芳香族化合物」と聞いたら，「いい香りのする化合物のことかな？」と誰もが思いますよね．確かに芳香族化合物にはいい香りの物もありますが，ほとんどは石油の臭いです．その中には形容し難い悪臭をもつものもあります．「いい香りがする化合物＝芳香族化合物」ではありません．ここでは，芳香族性とはどのような性質かを考えていきましょう．

ベンゼンの構造は「正六角形に二重結合を3本，書き込んだもの」と説明できます．一方，エチレンも二重結合をもっていますが，これは脂肪族化合物に

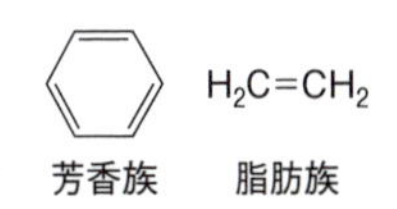

図 6.2.1 芳香族化合物と脂肪族化合物

命名されます．どちらも二重結合をもっているのに，なぜ，分類が違うのでしょうか？

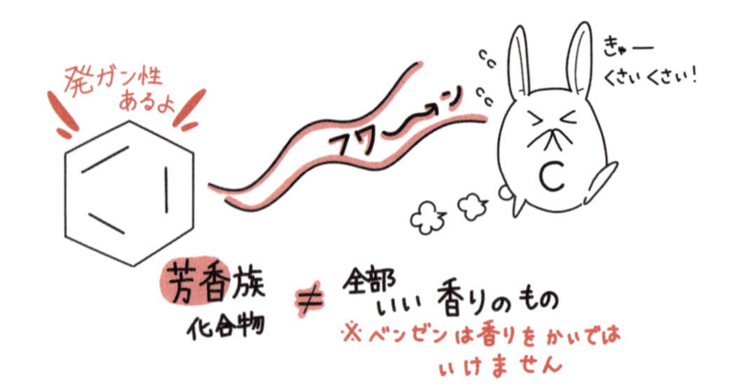

▶E, A. A. J. Hückel
1896〜1980，ドイツの物理化学者．ヒュッケル則やヒュッケル法にその名を残す．ヒュッケル法は最も単純な分子軌道法であり，今日でも量子化学の基本的な題材として用いられている．

6.2.2 ヒュッケル則

1930年代にヒュッケルという化学者が「こういう条件を満たした分子は芳香族性をもちますよ」と提案しました．ヒュッケル則と呼ばれるルールは以下の通りです．

ヒュッケル則（Hückel's law）：共役した平面環状分子が芳香族であるためには，$4n+2$（n は整数）個の π 電子をもたなくてはいけない．

何かわかったようで，わからない説明なので，ベンゼンを例にとって説明しましょう．ベンゼンは6つのp軌道が共役した環状構造をもっています（図6.2.2左）．一方，右のトリエン（二重結合を3つもつ化合物）も6つのp軌道が共役していますが，これは環状の共役系をもっていないのでダメです．

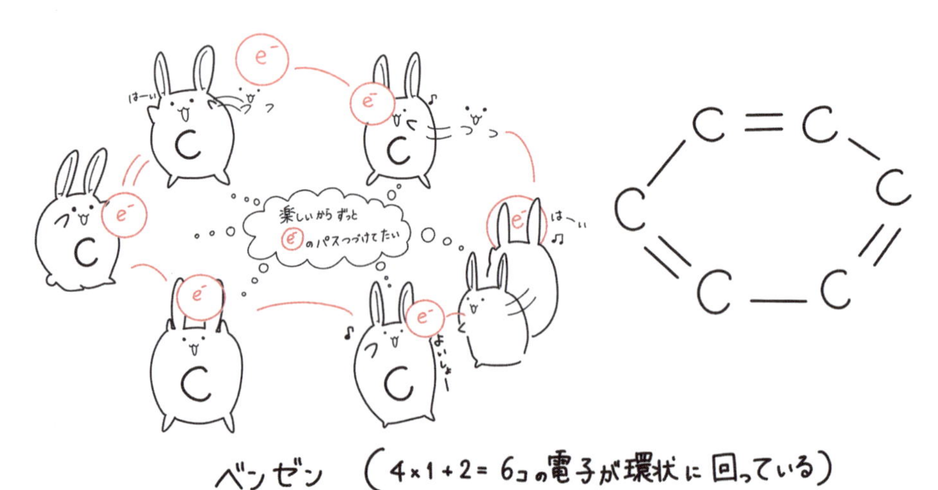

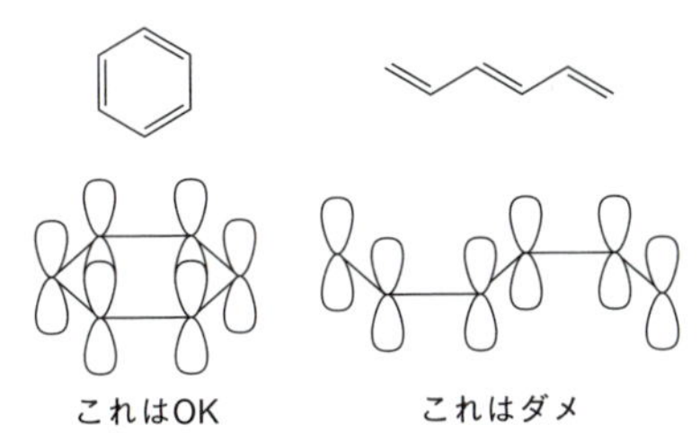

図 6.2.2 環状構造のある／なし

では，次にベンゼンの共役したｐ軌道に何個の電子が入っているかを考えましょう（図 6.2.3）．それぞれのｐ軌道に１個ずつ電子が入っていて，この電子が隣の軌道の電子と結合対を作ることで π 結合ができます．このようにベンゼンは６つのｐ軌道からなる環状共役構造に６つ（$4\times1+2$）個の電子が入っているので，ヒュッケル則の条件を満たします．

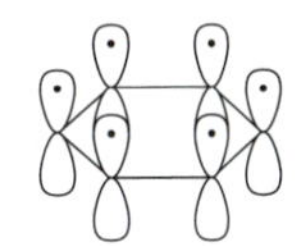

図 6.2.3 ベンゼンはｐ軌道が環状に繋がっている

ここでもう一度，ヒュッケル則を読み返してみましょう．どこにも「炭素と水素以外は使ったらダメ」とか「六角形でないとダメ」とは書かれていませんね．「$4n+2$（n は整数）個の π 電子が入っている共役した平面環状構造」を満たせば，それは芳香族化合物になります．

現在までに数多くの芳香族化合物が報告されてきました．それらは，窒素や酸素を含むもの，さらにはもはや六角形でないものもあります（図 6.2.4）．

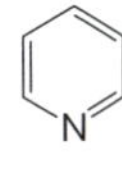

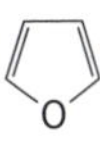

図 6.2.4 これらも芳香族化合物

6.2.3 芳香族の特徴

ここで芳香族化合物の特徴について考えてみましょう．「ヒュッケル則を満たす化合物は芳香族と呼ばれ，非常に安定である」と考えてください．たとえばベンゼン（ヒュッケル則を満たす）は 1,3,5-ヘキサトリエン（ヒュッケル則を満たさない）よりも非常に安定です（図 6.2.5）．

「ベンゼンはヒュッケル則を満たし，異常に大きい安定化エネルギーをもつので，非常に安定」と書くと難しく聞こえますが，いい換えれば，「何が何でも，ベンゼンのこの形は崩したくない」ということです．

図 6.2.5 ベンゼンと 1,3,5-ヘキサトリエンの構造

ここで「アルケンの二重結合は付加反応を起こしやすいが，ベンゼンの二重結合は置換反応を起こしやすい」という説明を思い出してください．高校生の頃は，「ふーん，そうなんだ」と軽くスルーしただけかもしれませんが，この反応性の違いは「異常に大きな安定化エネルギー」で説明できます．

次節からは，ベンゼンが置換反応を起こす理由，さらにどのような置換基を導入できるかを見ていきましょう．

例題 6.2

次の（a）～（d）の化合物はヒュッケル則を満たす満たさないか，考えてみよう．

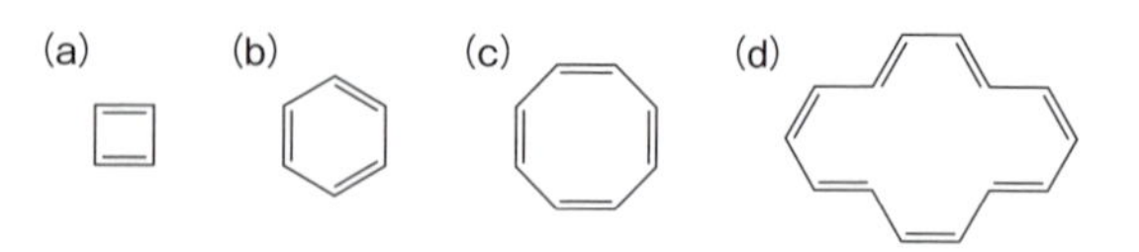

キーワード

置換反応，求電子反応，求電子剤の発生法，フリーデル・クラフツアルキル化

6.3 ベンゼンの反応

6.3.1 ベンゼンの付加反応と置換反応の比較

ここでは芳香族化合物に特徴的な反応形式を見ていきます．アルケンであるエチレンも，芳香族化合物であるベンゼンも，構造式には炭素-炭素二重結合がありますが，その反応形式は大きく異なります．

エチレンは求電子体 X^+ と反応することで生成したカルボカチオン中間体が Y^- と反応します．その結果，二重結合に XY が付加した生成物が得られます（図 6.3.1）．

アルケンの反応（付加）

$$H_2C{=}CH_2 \xrightarrow{X^+} H_2\overset{+}{C}{-}CH_2{-}X \xrightarrow{Y^-} Y{-}CH_2{-}CH_2{-}X$$

図 6.3.1　アルケンへの付加反応

同様の反応をベンゼンについて考えてみます．まず，ベンゼンに求電子体 X^+ が反応して，正電荷をもつ中間体ができます（図 6.3.2）．ここまではアルケンの反応と同じです．なおこの中間体は芳香族ではありません（ヒュッケル則を適用してみてください）．

さて，この中間体はここからどのような反応経路を通るでしょうか（図 6.3.2）．1つはアルケンと同様に Y^- と反応して付加生成物を与えるルートです．この付加生成物は芳香族ではありません．出発物質のベンゼンは芳香族（安定）ですが，付加反応によって生成した生成物は芳香族ではない（不安定）ということは，この反応経路は，共鳴安定化エネルギーを失う不利な（起こりにくい）反応であることを意味します．

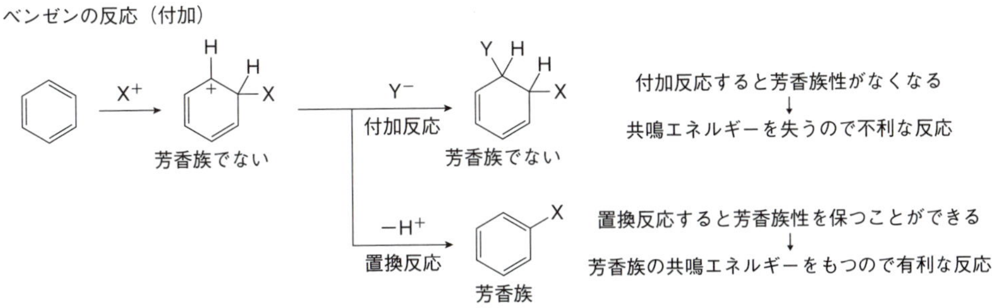

ベンゼンの反応（付加）

X^+ 芳香族でない

Y^- 付加反応 芳香族でない 付加反応すると芳香族性がなくなる ↓ 共鳴エネルギーを失うので不利な反応

$-H^+$ 置換反応 芳香族 置換反応すると芳香族性を保つことができる ↓ 芳香族の共鳴エネルギーをもつので有利な反応

図 6.3.2　ベンゼンの付加反応と置換反応

一方，X^+ との反応で生成した中間体がプロトン H^+ を放出すれば，中央の六員環は再びヒュッケル則を満たすベンゼン環に戻ります（図 6.3.2）．この経路なら，最終生成物も芳香族なので，共鳴安定化エネルギーを失うことはありません．「より安定な化合物ができる方向に反応は進みやすい」という指針は反応生成物を予想するうえで大事です．

6.3.2　ベンゼンの置換反応

次節では，さまざまな求電子体とベンゼンとの反応を見ていきますが，求電子体の種類が変わっても，基本となる考え方は，上の反応と同じです．反応の種類ごとに生成物を丸暗記するする必要はありません．また，上で示したように反応の出発物質と最終生成物だけでなく，中間体の構造を知ることは反応を深く理解するうえで重要です．

おさらいしましょう．ベンゼンの置換反応は図 6.3.3 のような二段階反応です．

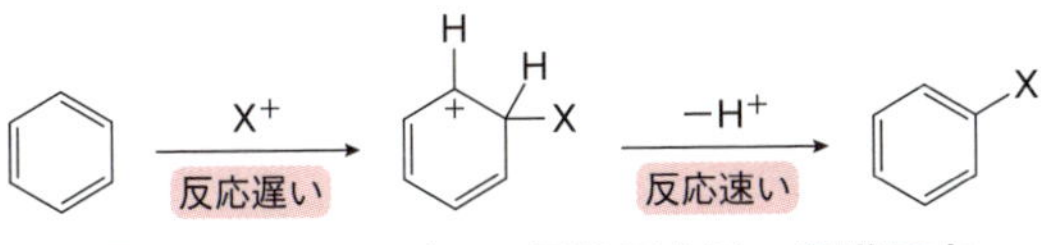

X^+ 反応遅い　$-H^+$ 反応速い

図 6.3.3　ベンゼンの置換反応は二段階反応

一段階目の求電子体との反応は遅いですが，一度，中間体ができてしまえば，すみやかにプロトンを放出して生成物を与えます．このため，ベンゼンの置換反応を行うには，いかに多くの求電子体 X^+ を発生できるかがポイントになります．

具体例を見ていきましょう．「これとこれを混ぜたら，こんな化合物ができます」と丸暗記では面白くないので，「その試薬，何のために入れてるの？」と「反応の途中で何が起こっているの？」について説明していきます．

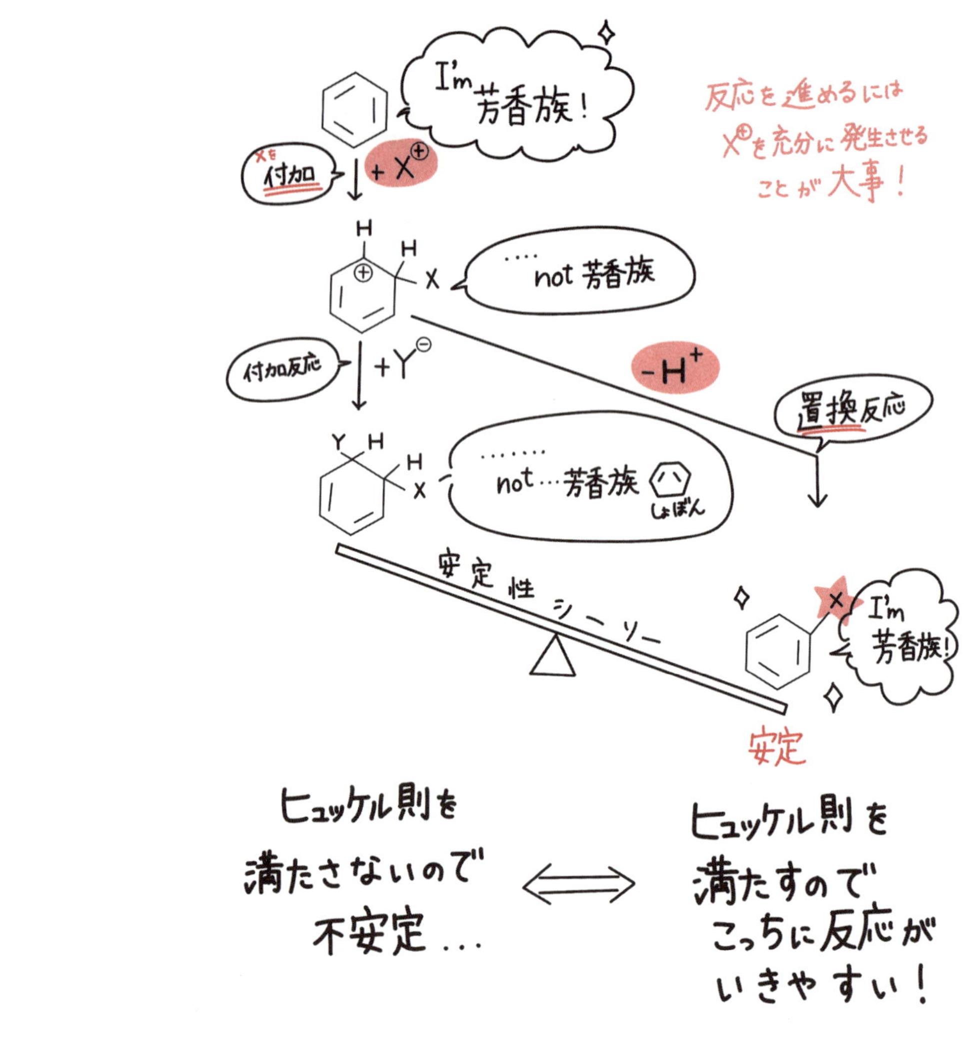

(a) ベンゼン $\xrightarrow[H_2SO_4]{HNO_3}$ NO_2 (b) ベンゼン $\xrightarrow{H_2SO_4}$ SO_3H (c) ベンゼン $\xrightarrow[FeCl_3]{Cl_2}$ Cl

図 6.3.4　ベンゼンのニトロ化，スルホン化，塩素化

まずはニトロ化です（図 6.3.4（a））．ニトロ基を入れるので，硝酸 HNO_3 が必要なのはすぐにわかりますが，この硫酸 H_2SO_4 はなぜ必要なのでしょうか．硫酸と硝酸を比較すると，硫酸のほうがより強い酸です．そのため，硝酸は硫酸からプロトンを受け取り，さらに水分子の脱離が起こった結果，ニトロニウムイオン NO_2^+ が発生します．この強い求電子体であるニトロニウムイオンがベンゼンを攻撃します．

スルホン化（図 6.3.4（b））も，ニトロ化と同様の機構です．ここでは硫酸分子 2 個が不均化します．つまり，「プロトンを与える硫酸分子」から「プロトンを受け取る硫酸分子」へプロトンの受け渡しがあり，さらに水分子の脱離が起こった結果，求電子体の SO_3H^+ が発生します．

次は塩素化です（図 6.3.4（c））．クロロ基は塩素分子 Cl_2 由来であることは容易に想像できますが，塩化鉄 $FeCl_3$ の役割は何でしょうか．アルケンの反応とは異なり，ベンゼンと塩素原子を混合するだけでは塩素化はほとんど起こりません．そのため，まず，ルイス酸である塩化鉄と塩素分子が錯体を作ります．その結果，塩素–塩素結合が切れやすくなり，ベンゼンとの反応が起こります．$Br_2/FeBr_3$ で行う臭素化の機構も同様です．

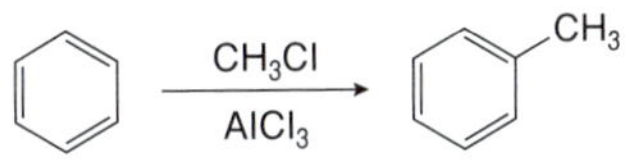

CH_3Cl / $AlCl_3$ → CH_3

図 6.3.5　ベンゼンのフリーデル・クラフツアルキル化

最後は**フリーデル・クラフツアルキル化**（Friedel-Crafts alkylation）です．基本的な考え方は塩素化と同じです．ルイス酸である塩化アルミニウムとハロゲン化アルキルが反応し，カルボカチオン CH_3^+ が生成します．この CH_3^+ がベンゼンを攻撃します．

NOTE **フリーデル・クラフツアルキル化反応**
シャルル・フリーデルとジェームス・クラフツが発見した芳香環にアルキル基を導入する反応．ハロゲン化アルキルにルイス酸を加えることで発生するカルボカチオンが芳香族化合物と反応する．100 年以上に渡って，広く用いられている．

例題 6.3

次の反応の生成物を書いてみよう．

(1) Br_2 / $FeBr_3$

(2) CH_3CH_2Cl / $AlCl_3$

7章 ハロゲン化アルキルの置換および脱離反応

~この章で学ぶこと~

この章ではアルカンにハロゲン原子が結合した化合物，ハロゲン化アルキルについて考えます．まずはハロゲン化アルキル物の命名について学びます．アルカン自身は反応性が乏しいですが，ハロゲンが結合したハロゲン化アルキルは置換反応や脱離反応を起こします．なぜ，このような反応が起こるようになるのでしょうか．ここでも電気陰性度の考え方が重要となります．

7.1 ハロゲン化アルキルの命名

キーワード

基本はアルカンの命名，ハロゲン置換基の名前，置換基の数を表す接頭語

7.1.1 塩素が置換した場合

化合物の命名規則は決まり事が多く，煩わしく感じると思いますが，しっかり身に付けておかないと，「どんな化合物の話をしているのかわからない」などの困った状況になります．命名規則が複雑に感じるのは，「同じ化合物を命名しているのに，人によって名称が違う」事態を避けるためです．いつ，誰が命名しても同じ名称にならなければいけません．

ここではハロゲン化アルキルの命名法を学びます．アルカンの命名法をしっかりと押さえておけば，「アルカンのどの位置に，どの種類のハロゲン原子がついているか」の情報を追加すればいいだけです．

(a)
$CH_3-CH(Cl)-CH_2-CH_2-CH_3$

(b) → 主鎖
$CH_3-CH(Cl)-CH_2-CH_2-CH_3$

(c) 1 2 3 4 5
$CH_3-CH(Cl)-CH_2-CH_2-CH_3$

図 7.1.1　ハロゲン化アルキルの命名
(a) ハロゲン化アルキルの例，(b) 主鎖の取り方，(c) 主鎖に番号を打つ．

では，ハロゲン化アルキルを命名してみましょう．まずは，図 7.1.1 (a) の化合物です．このような鎖状の化合物の場合，最初に主鎖を決めます．主鎖は「最も長く，炭素のみを含んだ鎖」ですので，炭素５つの並びが主鎖となります（図 7.1.1 (b)）．

炭素５つのアルカンの名称はペンタンですね．続いて，「ペンタンの主鎖のどの位置にどのような置換基がついているか」の情報を盛り込んでいきます．

ペンタンにクロロ基が置換しているので，「クロロペンタン」となります．非常にわかりやすいルールですね．ただし，これで終わりではありません．ペンタンに塩素原子が１つ結合したクロロペンタンは３種類あります．ですから，「この場所に塩素原子が結合したペンタン」のように，塩素原子の位置を指定する必要があります．

ペンタンの左端の炭素原子から順番に番号を打つと，図 7.1.1 (c) のようになります．塩素原子は２番の炭素原子に結合していることがわかります．「ペンタンの主鎖の２番に塩素原子が結合している化合物」は１種類しか存在しませんので，「2-クロロペンタン」と命名すればよいわけです．

このときに忘れがちなのが，「置換基の位置番号ができるだけ小さくなること」という決まりです．図 7.1.1 (c) の右の炭素原子から 1，2，…と番号を打てば，塩素原子の番号は４番になりますが，この命名は間違いです．

「面倒くさいな」と思うでしょうが，これは「いつ，誰が命名してもルールを守っていれば，同じ名称になる」ようにするためなので，「こういう決まりなんだな」と割り切ってそれに従いましょう．逆にいえば，それさえ守っておけば間違うことはありません．

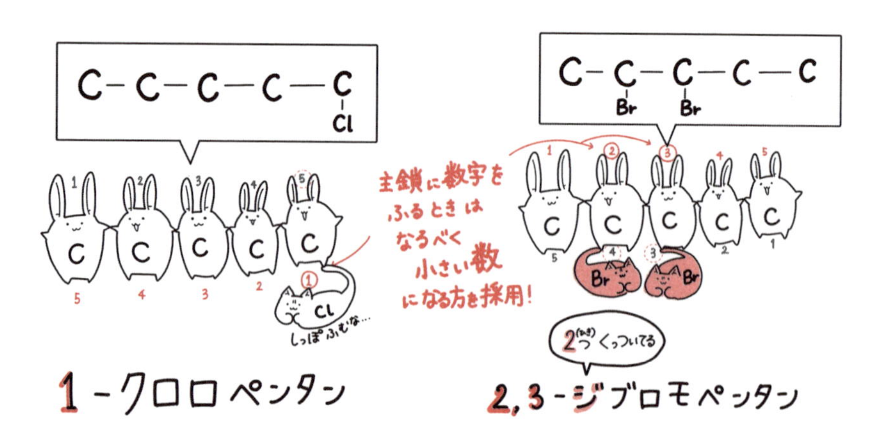

7.1.2　臭素が置換した場合も同じ

では次に図 7.1.2（a）の化合物です．塩素原子が臭素原子に替わりました．慌てないでくださいね．臭素原子になっても，基本的なルールは同じです．まず主鎖を決めて，その主鎖の何番に，どのような置換基がついているかの情報を盛り込めばよいのです．

(a) $CH_3-CH(Br)-CH_2-CH_2-CH_3$　　(b) $CH_3-CH_2-CH(Br)-CH_2-CH_3$

図 7.1.2　臭化アルキルの命名

図 7.1.1 の化合物とは，置換基のついている場所は同じで，その種類が変わっただけですので，2-ブロモペンタンとなります．

2-クロロペンタン：「主鎖の 2 番の位置に塩素原子が結合したペンタン」
2-ブロモペンタン：「主鎖の 2 番の位置に臭素原子が結合したペンタン」

大学の有機化学に登場する有機化合物の膨大な数になりますので，丸暗記するのは不可能です．IUPAC 命名法をきっちりと理解しましょう．次は図 7.1.2（b）の化合物です．

図（a）の化合物と比べると，臭素原子の位置が替わっていますが，他は同じですね．この化合物の名前は，3-ブロモペンタンとなります．

2-ブロモペンタン：「主鎖の 2 番の位置に臭素原子が結合したペンタン」
3-ブロモペンタン：「主鎖の 3 番の位置に臭素原子が結合したペンタン」

IUPAC 命名法は，その化合物のもつ情報を過不足なく盛り込めるように作られています．ここで見たように，ハロゲン化アルキルの命名にはアルカンの命名の知識が必要です．

しかし逆にいえば，アルカンの命名をしっかりと理解していれば，ハロゲン化アルキルの命名は，「どの位置にどの種類のハロゲンがついているか」の情報を加えるだけです．このように IUPAC 命名法は，非常に単純な化合物の命名法に徐々にルールを少しだけ足していけば，複雑な化合物の命名もできるようになっています．

7.1.3　二置換体の場合はどうなる？

最後に，もう少し複雑な化合物の命名をしてみましょう（図 7.1.3）．

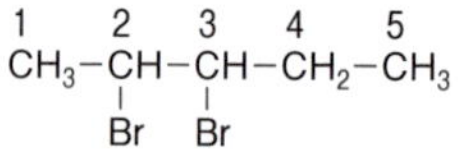

1 2 3 4 5

$CH_3-CH(Br)-CH(Br)-CH_2-CH_3$

図 7.1.3 臭素原子を2つもつハロゲン化アルキル

主鎖のペンタンの2位と3位に臭素原子が2つついています．このように同じ種類の置換基が複数含まれている場合は，「この置換基が何個，含まれています」という情報を加えます．置換基の数を示す接頭語は以下の通りです．

1個：モノ（mono-：通常は表記不要）
2個：ジ（di-）
3個：トリ（tri-）
4個：テトラ（tetra-）
5個：ペンタ（penta-）

図7.1.3の化合物では臭素原子が2個含まれているので，ジ-（2つの）＋臭素（ブロモ）で「ジブロモ（dibromo）」となります．したがって，臭素原子を2つもつペンタンはジブロモペンタンとなります．

しかしペンタンに臭素原子が2つ結合した化合物は何種類もありますね．「ジブロモペンタン」ではまだ情報不足です．「どのジブロモペンタンのことですか？」となりますので，臭素原子のついている位置を指定してあげましょう．臭素原子はペンタン主鎖の2位と3位に結合していますので，2,3-ジブロモペンタンになります．

ここまで書けば，「主鎖はペンタン．2番と3番の位置に臭素原子が合計2個結合している」と過不足なく情報を盛り込めました．

例題 7.1

次のハロゲン化アルキルにIUPAC名をつけてみよう．

(1) 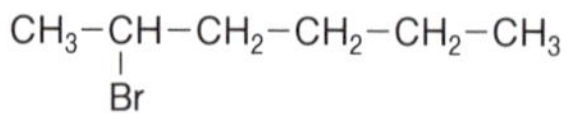 $CH_3-CH(Br)-CH_2-CH_2-CH_2-CH_3$　(2) $CH_3-CH_2-CH(Cl)-CH_2-CH_2-CH_3$

(3) $CH_3-CH(Br)-CH(Br)-CH_2-CH_2-CH_3$ 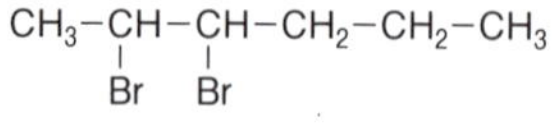　(4) 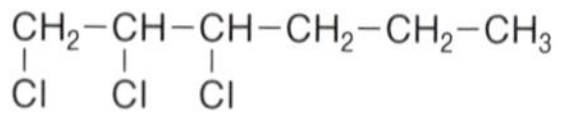 $CH_2(Cl)-CH(Cl)-CH(Cl)-CH_2-CH_2-CH_3$

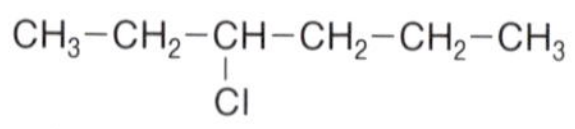

キーワード

S_N2反応，S_N1反応，反応機構の違い，曲がった矢印

7.2 S_N2反応，S_N1反応

ここではハロゲン化アルキルの反応のS_N2反応，S_N1反応について考えます．ここでSはSubstitution（置換），NはNucleophilic（求核性の）の頭文字です

ので，S_N は求核置換反応を意味します．その後ろについている数字については後で説明します．

7.2.1 アルカンの反応性

ハロゲン化アルキルの前に，まずアルカンの反応性について説明します．ペンタンやヘキサンのようなアルカンは一般的に反応性に乏しいです．これはなぜでしょうか（図 7.2.1）．

これまでに見てきたように，化学反応は「電子の余っている場所」と「電子の足らない場所」の間で起こります．アルカンには炭素原子と水素原子しか含まれていません．この 2 つの電気陰性度の差は小さいので，アルカン分子中には電子密度の偏りがほとんどありません．これがアルカンの反応性が低い原因です．

一方，ハロゲン化アルキルでは，ハロゲン原子と炭素原子の結合があります．この 2 つの原子の電気陰性度の差は非常に大きいので，ハロゲン原子は負に，炭素原子は正に分極します．その結果，電子の足らない炭素原子には電子の余った求核体が攻撃しやすくなりますし，電子の豊富なハロゲン原子はハロゲン化物イオン X^- として取れやすくなります．

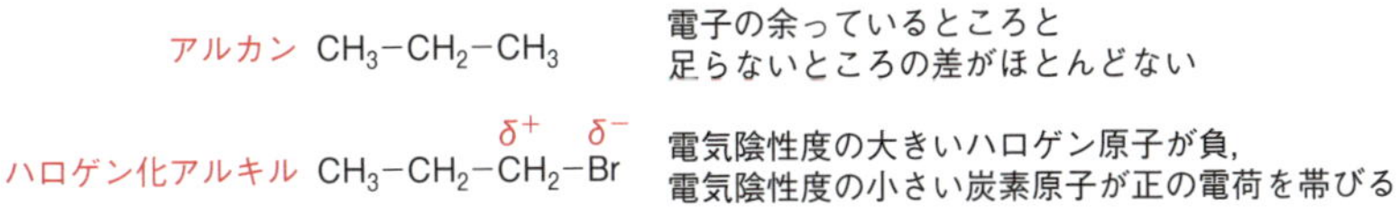

アルカン $CH_3-CH_2-CH_3$ 電子の余っているところと足らないところの差がほとんどない

ハロゲン化アルキル $CH_3-CH_2-\overset{\delta+}{CH_2}-\overset{\delta-}{Br}$ 電気陰性度の大きいハロゲン原子が負，電気陰性度の小さい炭素原子が正の電荷を帯びる

図 7.2.1 アルカンとハロゲン化アルキルの反応性の比較

7.2.2 S_N2 反応

さてハロゲン化アルキルの置換反応について考えましょう．まず，S_N2 反応について説明します．水酸化物イオン OH^- はマイナスの電荷をもつ強力な求核体です．この求核体は電子の足らないところを攻撃します．ハロゲン化アルキルの 1-ブロモプロパンと水酸化物イオンの反応は図 7.2.2 のようになります．

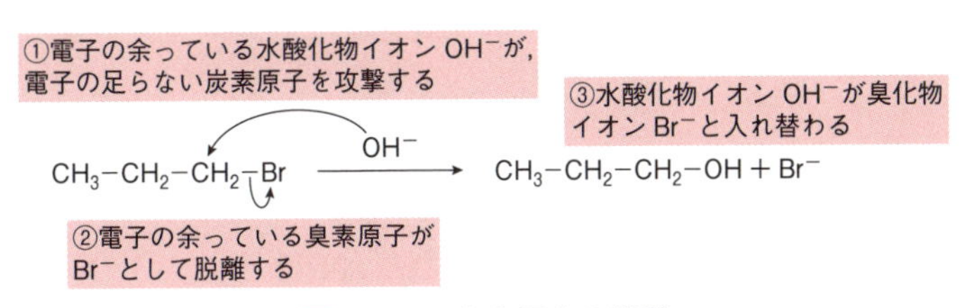

図 7.2.2 S_N2 反応の機構

まず，求核体の OH^- が 1-ブロモプロパンを攻撃します．このとき，1-ブロモプロパンのどこが求核攻撃を受けやすいでしょうか．先に示したように，臭

素原子に結合した炭素原子は臭素原子の大きな電気陰性度の影響で正の電荷をもちますので，OH^- の攻撃を受けるのはこの位置です（図の①）．

炭素は4本までしか結合を作れませんので，炭素原子と酸素原子の間に結合ができたら，どこかの結合を切断しなければなりません．この際，最も切れやすい結合が切断されます．それが炭素－臭素結合です．臭素原子はマイナスの電荷を帯びていますので，Br^- として取れやすくなっているからです（図の②）．

ここまでの一連の反応の結果，求核体である水酸化物イオン OH^- が臭化物イオン Br^- と入れ替わりました（図の③）．

この反応をもう少し詳しく見てみましょう（図 7.2.3）．この反応では，水酸化物イオンと炭素原子の間の結合生成と，臭素原子と炭素原子の間の結合切断が同時に起こります．遷移状態（反応しつつある状態）では，結合の生成を伴いながら，別の結合が切れつつあります．

できかけの結合　切れかけの結合

$$HO^- + H_2C(CH_2CH_3)\text{—}Br \longrightarrow [HO^{\delta-}\cdots C^{\delta+}(H)(H)(CH_2CH_3)\cdots Br^{\delta-}] \longrightarrow HO\text{—}CH_2(CH_2CH_3) + Br^-$$

図 7.2.3　S_N2 反応の詳細

ここで，S_N2 反応の「2」の意味を説明します．1-ブロモプロパンと水酸化物イオンの反応は図 7.2.3 に書いたような機構で進行します．では，この反応の1-ブロモプロパンと水酸化物イオンの濃度を変化させたら反応速度はどう変化するでしょうか．

一般に，反応する物質の濃度が濃くなれば，分子同士の衝突する回数も多くなりますので，反応速度が大きくなります．これはハロゲン化アルキルと水酸化物イオン（求核体）の反応ですので，反応の速度はこの2種類の分子の濃度の積に比例します．ここで，[　] の記号は，その物質の濃度を意味することを思い出してください．

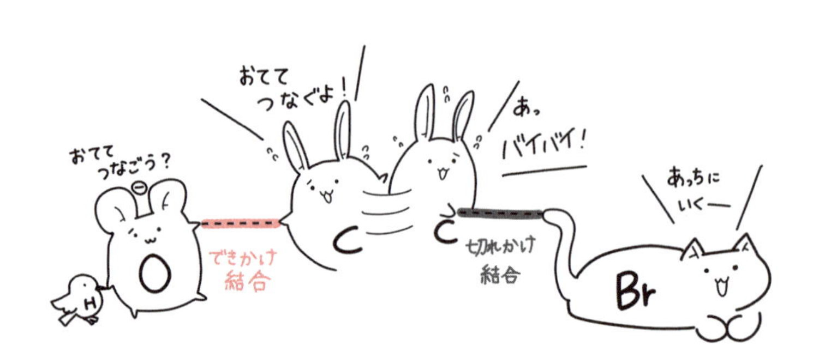

S_N2 反応の反応速度 ∝［ハロゲン化アルキル］［求核体］

この「反応速度が何種類の成分の濃度の影響を受けるか」の数値が S_N の後ろについている数字の意味です．すなわち，S_N2 反応とは，反応の速度が 2 種類の成分の濃度の積に比例する求核置換反応だということがわかります．

7.2.3 S_N1 反応

次に，S_N1 反応について説明しましょう．ハロゲン化アルキルに 2-ブロモ-2-メチルプロパン（臭化 *tert*-ブチル），求核体に水分子 H_2O を考えます．この反応は S_N1 反応で起こります．ここで先ほどの S_N2 反応と，この S_N1 反応を比較しましょう（図 7.2.4）．

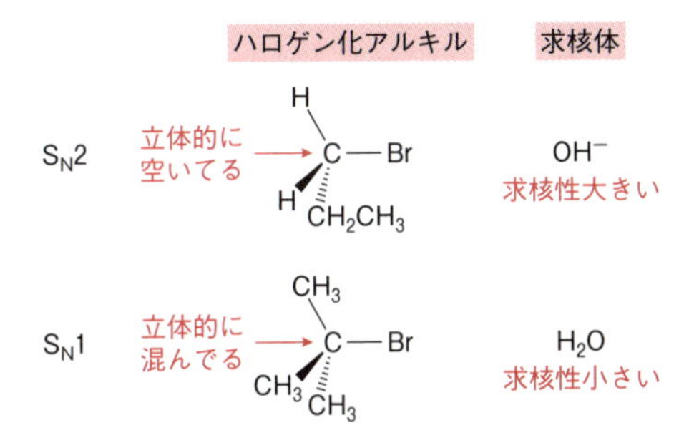

図 7.2.4 S_N1 反応と S_N2 反応の比較

典型的な S_N2 反応は，求核性の強い求核体が，立体的に混み合っていない炭素原子を攻撃することで起こります．一方，水分子 H_2O のような求核性の小さな求核体と，臭素原子に結合した炭素原子の周辺が立体的に混み合っているハロゲン化アルキルの組み合わせでは，どうなるでしょうか．求核性が大きいほど，求核反応は起こりやすくなります．また，反応が起こる炭素原子の周りが混み合っていないほど，求核体は接近しやすくなり，反応は起こりやすくなります．そのため，2-ブロモ-2-メチルプロパンと H_2O の間の S_N2 反応は非常に遅くなります．このような組み合わせの場合，求核置換反応は以下の S_N1 機構で進行します．

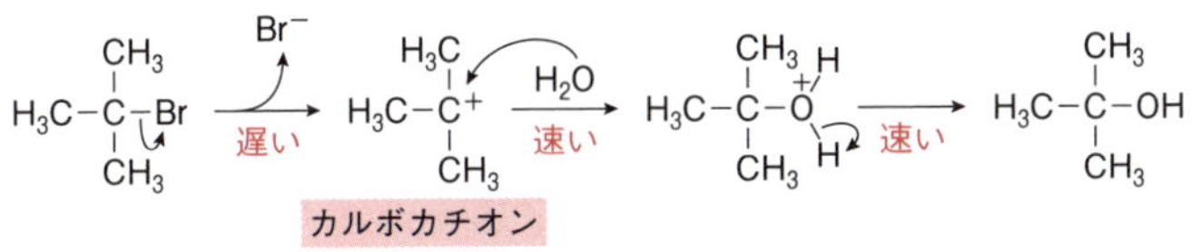

$(CH_3)_3C-Br \xrightarrow[\text{遅い}]{-Br^-} (CH_3)_3C^+ \xrightarrow[\text{速い}]{H_2O} (CH_3)_3C-O^+H_2 \xrightarrow{\text{速い}} (CH_3)_3C-OH$

カルボカチオン

図 7.2.5 S_N1 反応の反応機構

S_N1 反応の機構を見ていきましょう（図 7.2.5）．まず，ハロゲン化アルキルから臭化物イオンが脱離します．求核体の攻撃と臭化物イオンの脱離が同時に

起こる S_N2 反応との違いをしっかりと理解してください．臭化物イオンが脱離すれば，炭素原子上に正電荷をもつカルボカチオンができます．この正電荷をもつ炭素原子に求核体の水分子が求核攻撃します．その後，プロトンが脱離し，アルコールが得られます．この反応は先ほどの S_N2 反応と異なり多段階反応です．

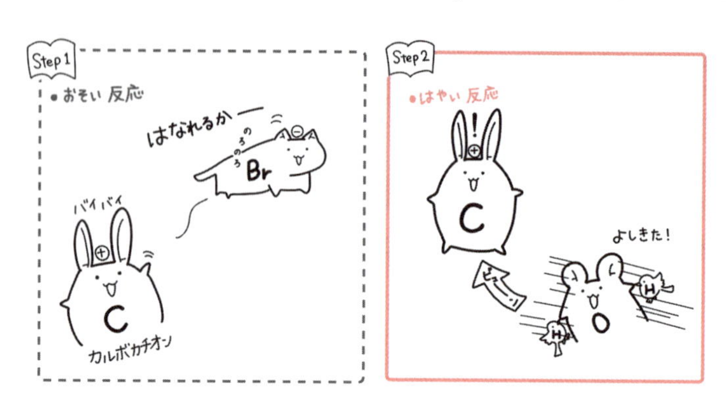

このような場合は，各段階の反応の速度を考えなくていけません．この反応では最初の臭化物イオンの脱離は遅いのですが，その後の2段階はすみやかに進みます．つまり，「ハロゲン化アルキルから臭化物イオンがどれだけすみやかに外れるか」がこの反応全体の速度を決めます．

もう一度整理しましょう．S_N1 反応では最初の臭化物イオンの脱離がその後の反応に比べて相対的に遅い反応です．しかし，いったんカルボカチオンができてしまえば，水分子との反応およびプロトンの脱離はすみやかに進行します．このような場合，水分子が多くても少なくても，非常にすみやかに反応が進行するため水の濃度は反応速度に影響しません．その結果，反応の速度はこのハロゲン化アルキルの濃度のみに比例します．

$$S_N1 \text{ 反応の反応速度} \propto [\text{ハロゲン化アルキル}]$$

S_N1 反応とは，反応の速度が1種類の成分の濃度のみに比例する求核置換反応であることがわかりますね．

例題 7.2

次の反応の機構を書いてみよう．

(1) $H_3C{-}CH_2{-}Br + CH_3O^- \longrightarrow H_3C{-}CH_2{-}OCH_3 + Br^-$ （S_N2 反応で進行）

(2) $H_3C{-}C(CH_3)_2{-}Br + CH_3OH \longrightarrow H_3C{-}C(CH_3)_2{-}OCH_3 + Br^-$ （S_N1 反応で進行）

7.3 E2 反応，E1 反応

キーワード
E2 反応，E1 反応，反応機構の違い，曲がった矢印，ザイツェフ則

7.3.1 E2 反応

ハロゲン化アルキルの置換反応の次は，脱離反応である E2 反応，E1 反応について考えます．ここで E は Elimination（脱離）の頭文字です．E の後ろについている数字は S_N 反応と同様に反応速度に影響する化合物の種類の数を指しています．

まず，E2 反応について説明します（図 7.3.1）．7.2 節の S_N2 反応のところで，強い求核体として水酸化物イオン OH^- が出てきましたが，このイオンは強い塩基でもあります．まず，2-ブロモ-2-メチルプロパン（臭化 *tert*-ブチル）と，強塩基の水酸化物イオン OH^- の反応を考えましょう．

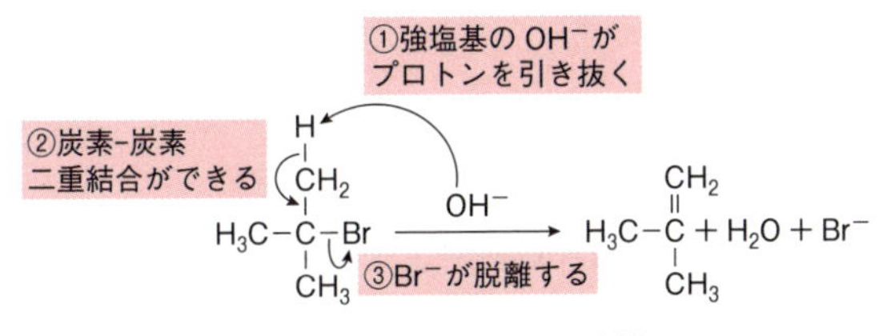

図 7.3.1　E2 反応の機構

まず，塩基の OH^- が 2-ブロモ-2-メチルプロパンのプロトンを引き抜きます．この分子の場合は，どの水素原子を引き抜いても同じ反応が起こります（図の①）．

引き抜かれた水素原子と結合を作っていた電子対は隣の炭素原子と二重結合を作ろうとします．このままでは，臭素原子の結合している炭素原子の結合が 5 本になってしまいますので，臭化物イオン Br^- を脱離します．その結果，2-メチルプロペン（アルケン）と水分子，さらに臭化物イオンが生成します．

E2 反応では，水酸化物イオンによるプロトンの引き抜き（図の①），炭素-炭素二重結合の生成（図の②），さらに臭化物イオンの脱離（図の③）が同時に起こります．遷移状態では，結合の生成を伴いながら，別の結合が切れつつあります（図 7.3.2）．

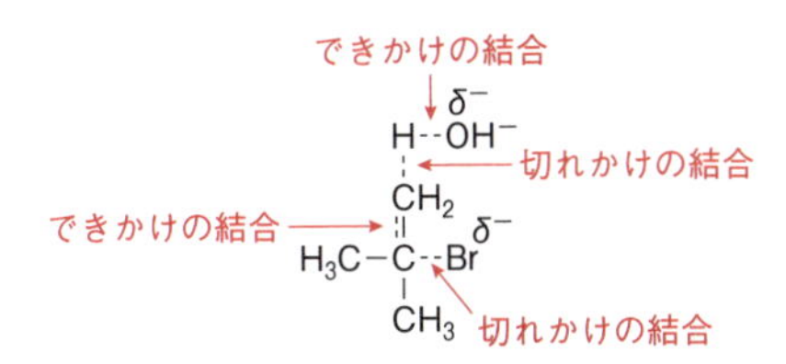

図 7.3.2　E2 反応の遷移状態

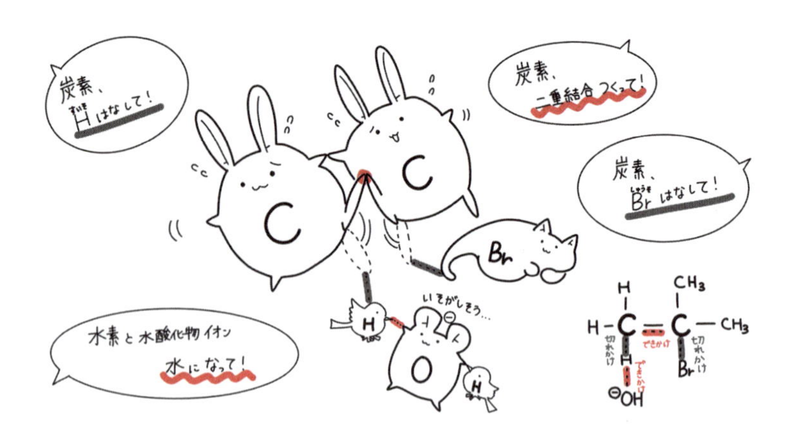

2-ブロモ-2-メチルプロパンと水酸化物イオンの脱離反応は上のような機構で進行します．この脱離反応の速度は，この2つの分子の濃度の積に比例します．

E2 反応の反応速度∝［ハロゲン化アルキル］［塩基］

E2 反応とは，反応の速度が2種類の成分の濃度の積に比例する脱離反応ということがわかりますね．

7.3.2　ザイツェフ則

次に，2-ブロモ-2-メチルブタンの E2 脱離について考えます（図 7.3.3）．先ほどの分子と比べて，炭素原子が一つ増えました．

$$H_3C-CH_2-C(CH_3)_2-Br \xrightarrow{OH^-} H_3C-CH=C(CH_3)-CH_3 + H_3C-CH_2-C(=CH_2)-CH_3$$

（a：CH_2 の水素，b：CH_3 の水素）

主生成物：a の水素を引き抜いた　副生成物：b の水素を引き抜いた

図 7.3.3　2-ブロモ-2-メチルブタンの E2 脱離

このような分子の場合，塩基である OH^- が引き抜くことができる水素原子には a と b の2種類があります．ここで a の水素は2つしかなく，b の水素は6つもありますね．このため，引き抜かれるチャンスの多い b の水素が引き抜かれて生成するアルケンが多く生成してくるように思えますが，実際は a の水素が引き抜かれて得られるアルケンが主生成物です．

なぜそうなるのでしょうか．ここで，化学反応の進み方を予測する3つのルールのうちの1つ「複数の反応経路が考えられる際には，より安定な生成物ができる方向に反応は進みやすい」を思い出してください．ハロゲン化アルキルと塩基との脱離反応では，炭素-炭素二重結合に，より多くのアルキル基が置換したアルケンがより安定となり，そのようなアルケンが主生成物となります．これは**ザイツェフ則**（Zaitsev's rule）という名前で知られています（図 7.3.4）．

▶A. Zaitsev
1841～1910，ロシアの有機化学者．経済学を学ぶために大学に入学したが，その才能を見出されて化学者となった．アルコールの合成を研究する過程でザイツェフ則を提唱した．

主生成物

$H_3C{-}CH{=}C(CH_3){-}CH_3$

C=C にアルキル基が 3 つ（より安定）

副生成物

$H_3C{-}CH_2{-}C(={CH_2}){-}CH_3$

C=C にアルキル基が 2 つ

図 7.3.4 ザイツェフ則の考え方

なぜ，ザイツェフ則が成り立つのかはここで理解する必要はありませんが，どの化合物が主生成物になるかは生成物の相対的な安定性で説明できることは知っておいてください．

7.3.3 E1 反応

続いて，E1 反応について説明しましょう E2 反応と同じく 2-ブロモ-2-メチルプロパンを考えます．今回は塩基に水分子 H_2O を用います．H_2O の塩基性は OH^- ほど強くありません．つまり，これはハロゲン化アルキルと弱塩基の組み合わせになります．

E2 反応は，強塩基がハロゲン化アルキルの水素原子を引き抜いて起こる反応でした．一方，弱塩基の H_2O は，ハロゲン化アルキルの水素原子を引き抜くほどの強い塩基性をもっていません．このような組み合わせの場合，脱離反応は図 7.3.5 の E1 機構で進行します．

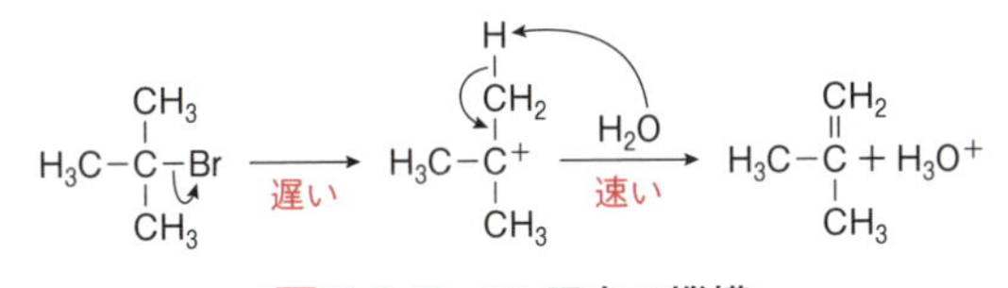

図 7.3.5 E1 反応の機構

S_N1 反応の場合と同様に，E1 反応でもまず臭化アルキルから臭化物イオンが脱離します．臭化物イオンの脱離によって，カルボカチオンができます．このカルボカチオンの水素原子を塩基である水分子が引き抜き，同時に炭素-炭素二重結合が形成されます．塩基によるプロトンの引き抜き，二重結合の生成，臭化物イオンの脱離の 3 つが同時に起こる E2 反応との違いをしっかりと理解してください．

E1 反応は E2 反応と異なり多段階反応です．S_N1 反応と同様に，この反応では最初の臭化物イオンの脱離は遅いのですが，その後の水分子との反応はすみやかに進みます．つまり，「臭化アルキルから臭化物イオンがどれだけすみやかに外れるか」がこの反応全体の速度を決めます．S_N1 反応の場合と同様に，いったんカルボカチオンができれば，水分子によるプロトン引き抜きはすみやかに進行し，水の濃度は反応速度に影響しません．その結果，反応の速度はこのハロゲン化アルキルの濃度のみに比例します．

$$\text{E1 反応の反応速度} \propto [\text{ハロゲン化アルキル}]$$

E1 反応とは，反応の速度が 1 種類の成分の濃度のみに比例する求核置換反応です．

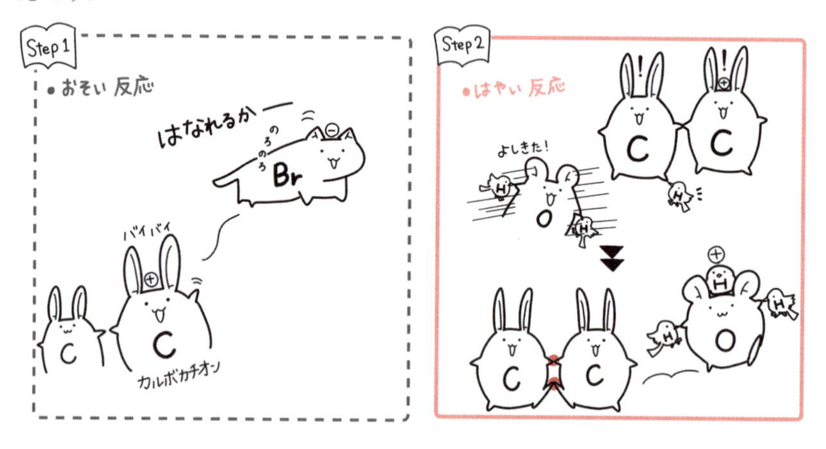

例題 7.3

ザイツェフ則を適用して次の反応の主生成物を予測しよう．

(1) $H_3C-CH_2-\underset{\displaystyle CH_3}{\underset{|}{CH}}-Br \xrightarrow{OH^-}$　　(2) $H_3C-\underset{\displaystyle CH_3}{\underset{|}{CH}}-\underset{\displaystyle CH_3}{\underset{|}{CH}}-Br \xrightarrow{OH^-}$

8章 アルコール，エーテル，アミン

～この章で学ぶこと～

この章では酸素原子を含む化合物であるアルコールとエーテルについて見ていきましょう．まず，これらの命名について学びます．アルコールとエーテルは，構造は似ていますが，ヒドロキシ基（−OH）の有無によって性質や反応性は大きく異なります．ヒドロキシ基は小さな置換基ですが，どのような役割を果たしているのかを見ていきましょう．

8.1 アルコール，エーテルの命名

キーワード

基本はアルカンの命名，ヒドロキシ基を表す接尾語，アルコキシ基

8.1.1 アルコールの命名

ヒドロキシ基（−OH）をもつ化合物を**アルコール**（alcohol）と呼びます．一般式はR−OHです．前の章では「アルカンのどの位置に，どの種類のハロゲン原子がついているか」を考えればハロゲン化アルキルが命名できることを学びました．アルコールの命名も基本的な考えは同じです．「アルカンのどの位置に，ヒドロキシ基がついているか」を指定してあげればいいのです．まず，図8.1.1のアルコールを命名してみましょう．

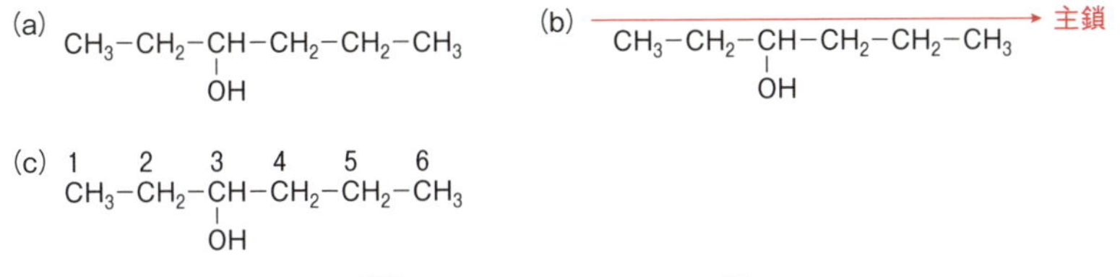

(a) $CH_3-CH_2-CH(OH)-CH_2-CH_2-CH_3$

(b) 主鎖（矢印） $CH_3-CH_2-CH(OH)-CH_2-CH_2-CH_3$

(c) 1 2 3 4 5 6 $CH_3-CH_2-CH(OH)-CH_2-CH_2-CH_3$

図8.1.1 アルコールの例
(a) 構造式，(b) 主鎖の取り方，(c) 炭素の位置番号．

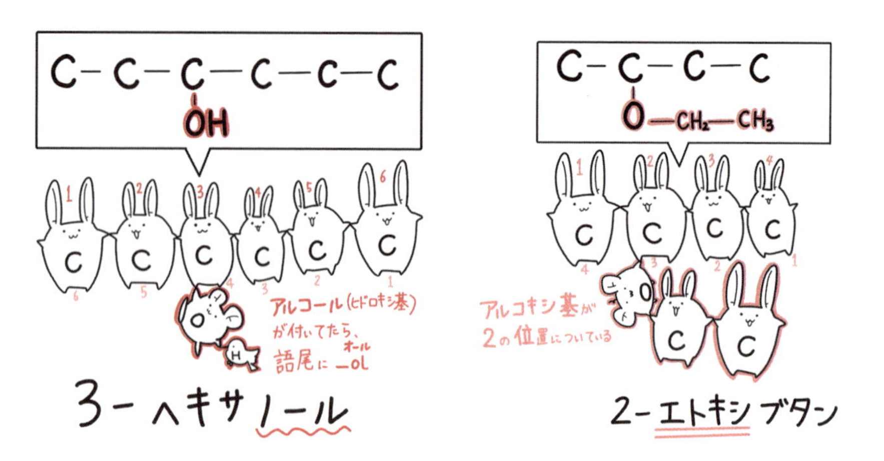

まず，主鎖を決めます．図 8.1.1（a）の 6 つの炭素原子の並びが主鎖です．炭素 6 つのアルカンの名称はヘキサンです．このように，鎖状化合物の命名はアルカンの名称が基本となりますので，炭素数が 1 ～ 6 のアルカンの名称はしっかりと押さえておきましょう．

続いて，「ヘキサンの主鎖のどの位置にヒドロキシ基がついているか」の情報を加えましょう．主鎖に番号をつけていきます．この際，左側から番号をつけるほうがヒドロキシ基の位置番号が小さくなるので，これが正しい番号のつけ方です．

ここまでを整理すると，「ヘキサンの 3 番の位置にヒドロキシ基が置換したアルコール」ですね．ここまで指定すると，化合物は一種類しか存在しません．さて，アルコールの命名ですが，ハロゲン化アルキルの場合とは少し違います．「この化合物はアルコールですよ」を示すために，主鎖アルカンの語尾を少し変化させます．

NOTE アルコールの名称
炭素数 1 ～ 6 のアルコールはそれぞれメタノール，エタノール，プロパノール，ブタノール，ペンタノール，ヘキサノールです．アルコールの命名は，基本骨格となるアルカンの名前を押さえていれば，それほど難しくありません．決してアルカンとアルコールの名前をそれぞれ丸暗記しないでください．

なお，炭素数が 3 以上のアルコールではヒドロキシ基の場所を示す位置番号が必要です．

炭素数が 6 個のアルカン：ヘキサン（hexane）
炭素数が 6 個のアルコール：ヘキサノール（hexanol）

英語で表記した方がわかりやすいですね．語尾の -e を取って，-ol をつけます．この -ol が「アルコール化合物ですよ」という情報になります．「ヘキサン」は「ヘキサノール」になります．もう少しで命名は完了です．ヘキサンに水酸基が置換したアルコールは構造異性体がいくつかありますので，水酸基の位置を数字で指定すると，3-ヘキサノール（3-Hexanol）となります．これで命名は完了です．主鎖であるアルカンの語尾を変化させて，どのような官能基が含まれるかを示す方法は，この後も数多く出てきます．これらについては後ろの章で説明します．わずか 2 ～ 3 文字，語尾が変わっただけなのですが，そこには重要な情報が入っています．

8.1.2 エーテルの命名

続いて，**エーテル**（ether）の命名です．エーテルの一般式は R−O−R' です．酸素原子を 2 つのアルキル基 R および R' で挟み込んだ構造をもっています．

簡単なエーテルの命名には慣用名が使われます（図 8.1.2）．たとえば，R がエチル基，R' がメチル基だと「エチルメチルエーテル」，R も R' もエチル基だと「ジエチルエーテル」です．エチルの前についている「ジ」は「同じものが 2 つある」を示す接頭語でしたね．

$CH_3-CH_2-O-CH_3$ エチルメチルエーテル

$CH_3-CH_2-O-CH_2-CH_3$ ジエチルエーテル

図 8.1.2 単純なエーテルの命名

この命名法はわかりやすいのですが，すべてのエーテルがこの方法で命名できるわけではありません．たとえば図 8.1.3 の化合物を命名してみましょう．

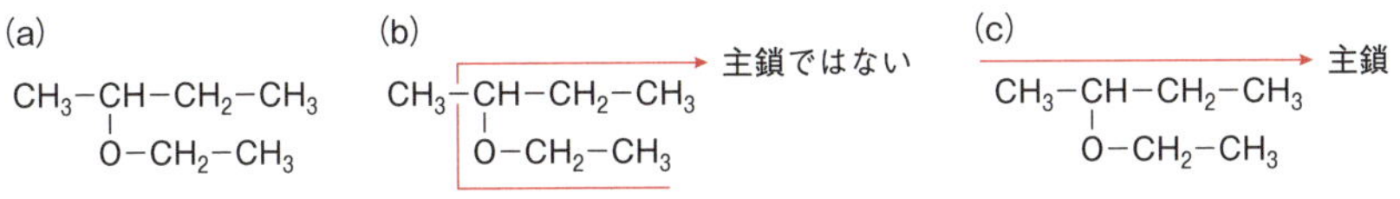

(a) $CH_3-CH(-O-CH_2-CH_3)-CH_2-CH_3$

(b) $CH_3-CH(-O-CH_2-CH_3)-CH_2-CH_3$ 主鎖ではない

(c) $CH_3-CH(-O-CH_2-CH_3)-CH_2-CH_3$ 主鎖

図 8.1.3 複雑なエーテルの命名
(a) 構造式，(b)，(c) 主鎖の取り方．

この化合物は，図 8.1.1 の 3-ヘキサノールと分子式は同じですが，原子の繋がり方が異なります．つまり，3-ヘキサノールとこの化合物は構造異性体の関係にあります．

これも鎖状の化合物なので，まずは主鎖を決めましょう（図 8.1.3 (b)，(c)）．エーテルの場合，ついつい図（b）のような主鎖の取り方をしがちですが，もう一度，主鎖の決め方のルールを見直しましょう．主鎖とは，「炭素原子のみからなる最も長い鎖」です．図（b）は途中に酸素原子を含んでしまうのでダメです．主鎖は図（c）のように，炭素原子が 4 つのブタンになります．

主鎖は決まりましたので，続いてブタンのどの位置にどんな置換基がついているかを見ていきましょう．エチル基（$-CH_2CH_3$）に酸素原子が結合した置換基はエトキシ基（$-O-CH_2CH_3$）と呼ばれ，**アルコキシ基**（alkoxy group）というグループの 1 つです．図 8.1.3 では，エトキシ基の結合している位置は 2 位になります（図 8.1.4）．

▶アルコキシ基の名前
炭素数 1 〜 4 のアルコキシ基の名前はそれぞれメトキシ基，エトキシ基，プロポキシ基，ブトキシ基です．アルコキシ基の名前は，酸素原子に結合しているアルキル基の名前の後ろに「オキシ（oxy）」をつけるだけです．わかってしまえば「え，それだけでいいの？」と思いませんか．

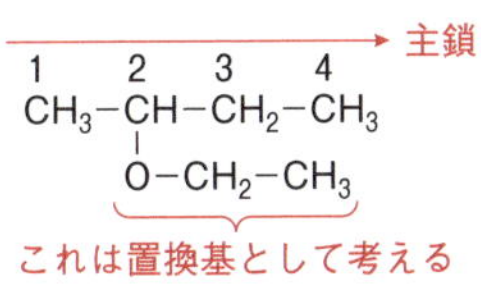

主鎖 → 1 2 3 4
$CH_3-CH(-O-CH_2-CH_3)-CH_2-CH_3$
これは置換基として考える（$O-CH_2-CH_3$）

図 8.1.4 アルコキシ基の位置
主鎖にアルコキシ基（−OR）がついていると考える．

ここまでをまとめると，「主鎖であるブタンの2位にアルコキシ基の1つであるエトキシ基が結合している分子」と表現すれば，この化合物のみを指すことになりますね．したがって，この化合物の名前は2-エトキシブタンとなります．

エーテルの命名とハロゲン化アルキルの命名はほとんど同じです．図8.1.5(a) は2-ブロモブタンです．ブタン主鎖の2位にブロモ基が結合しています．この命名については前章で説明しました．一方，右のエーテルでは，ブロモ基がエトキシに替わっただけなので，2-エトキシブタンです．

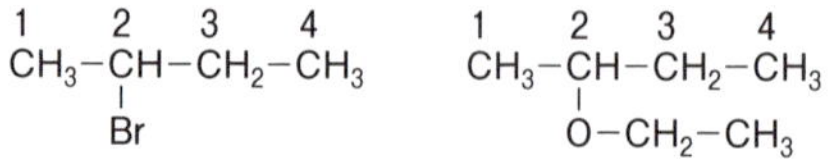

$$\overset{1}{CH_3}-\overset{2}{\underset{\substack{|\\Br}}{CH}}-\overset{3}{CH_2}-\overset{4}{CH_3} \qquad \overset{1}{CH_3}-\overset{2}{\underset{\substack{|\\O-CH_2-CH_3}}{CH}}-\overset{3}{CH_2}-\overset{4}{CH_3}$$

2-ブロモブタン　　　2-エトキシブタン

図 8.1.5　ハロゲン化アルキルとエーテルの命名

「それだけ？」と思うかもしれませんが，これでよいのです．ハロゲン化アルキルもエーテルも，「アルカン主鎖のどの位置に，どのような置換基が結合しているか」を示して命名すればよいのです．

化合物の命名は無味乾燥で，難解なルールも多そうに見えますが，実は非常に上手くできています．「あれ？　これ，どうやって命名するのかな？」と迷ったら，理解できるところまで戻ってください．

しっかりと基礎固めができていたら，新しいルールを少し追加するだけで，さらに多くの化合物を命名できるようになります．そのためには，まずは焦らずに，メタン，エタン，プロパン，…から始めてください．

例題 8.1

次のアルコール，エーテルにIUPAC名をつけてみよう．

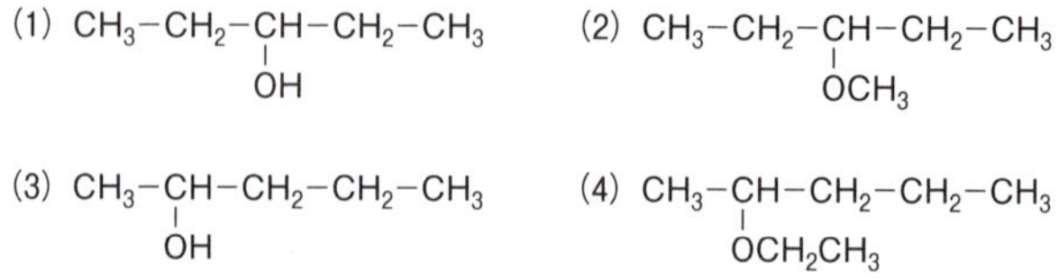

(1) $CH_3-CH_2-\underset{\substack{|\\OH}}{CH}-CH_2-CH_3$　　(2) $CH_3-CH_2-\underset{\substack{|\\OCH_3}}{CH}-CH_2-CH_3$

(3) $CH_3-\underset{\substack{|\\OH}}{CH}-CH_2-CH_2-CH_3$　　(4) $CH_3-\underset{\substack{|\\OCH_2CH_3}}{CH}-CH_2-CH_2-CH_3$

キーワード

ヒドロキシ基の有無，分子構造と溶解度の関係，水への溶解度

8.2 アルコール，エーテルの性質

8.2.1　アルカン，アルコール，エーテルの違い

ここではアルコールとエーテルの性質について考えていきます．有機化合物の性質は，どのような要因で決まるのでしょうか．さまざまな要因がありますが，まず基本的な要因として，分子式があります．分子式を見ると，その化合

物に①どのような種類の原子が，②どれだけの数，含まれているかがわかります．そしてさらに，③それらの原子がどのような順番で結合しているかが重要です．

アルコールとエーテルはともに酸素原子を含みますが，ヒドロキシ基（−OH）をもつかどうかが異なります．ヒドロキシ基はわずか2つの原子からなる単純な官能基ですが，この有無が，アルコールとエーテルの性質に大きな差をもたらします．ここでは，その違いについて見ていきましょう．

NOTE 沸点の違い
同程度の分子量をもつアルカン，アルコール，エーテルの沸点の違いについては，2.4節の「沸点の決まり方」で見ました．沸点の高低には，分子間力の大小が影響しています．

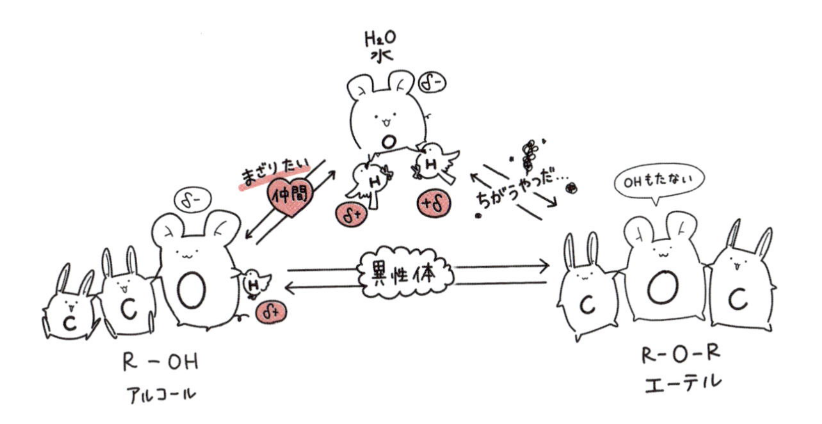

アルカン，アルコール，エーテルを比較し，構造式からその化合物の物性を読み取る基本的な考え方を学びましょう．ここでは，水への溶解度を考えます．まず，最も単純な化合物からスタートします．脂肪族化合物なら，最も単純な化合物は直鎖アルカンです．メタン，エタン，プロパン，…と連なる系列です．ここでは，炭素数5のペンタンを考えましょう（図 8.2.1）．

(a) $CH_3-CH_2-CH_2-CH_2-CH_3$ ペンタン
水への溶解度：0.004（g/100 mL）

(b) $CH_3-CH_2-O-CH_2-CH_3$ ジエチルエーテル
水への溶解度：6.1（g/100 mL）

(c) $CH_3-CH_2-CH_2-CH_2-OH$ 1-ブタノール
水への溶解度：7.7（g/100 mL）

図 8.2.1 アルカンとエーテルとアルコールの溶解度
(a) ペンタン，(b) ジエチルエーテル，(c) 1-ブタノールの溶解度．1-ブタノールはさらに水に溶けやすい

ペンタンは液化ガス（原油の蒸留で得られる留分の1つ）に含まれることからもわかるように，「油」としての性質をもちます．石油と水が混じり合いにくいように，ペンタンと水もほとんど混じり合いません．

この性質を構造式から考えていきましょう．ペンタンは炭素と水素のみからなる無極性分子です．一方，水分子は酸素と水素のみからなる極性分子です．ある化合物（溶質）が，ある溶媒にどのくらい溶けるのかを予測するのに「高い極性をもつ溶媒には，高い極性をもつ溶質が溶けやすい」という経験則があ

ります．無極性分子（ペンタン）と極性溶媒（水）の相性は非常に悪い（溶けにくい）です．

続いて，エーテルについて考えましょう．ペンタンと同程度の分子量をもつエーテルとして，ジエチルエーテルを考えます．第2章では，エーテルとアルカンの分子間力の差がどのようにそれぞれの分子の沸点に影響するかを見てきました．ここでは，沸点ではなく水への溶解度を見ていきます．

酸素原子は炭素原子よりも大きな電気陰性度をもつため，炭素-酸素結合は分極します．さらに，酸素原子上に2つの非共有電子対があるため，ジエチルエーテルはペンタンよりも高い極性をもつことになります．その結果，極性分子である水への溶解度は飛躍的に向上します．このように，1箇所の原子を入れ替えただけで，性質がガラリと変わるのが有機化学の面白さです．

続いて，アルコールについて考えます．1-ブタノールは，先のジエチルエーテルと構造異性体の関係にあるので，それぞれに含まれている原子の種類と数は全く同じです．にもかかわらず，1-ブタノールはジエチルエーテルよりさらに水に溶けやすいのです．これはヒドロキシ基のためです．ヒドロキシ基は酸素と水素からなりますが，この2つの原子は電気陰性度の差が非常に大きく，酸素原子がマイナスに，水素原子がプラスに分極します．その結果，ヒドロキシ基は大きな極性をもち，極性の高い水と混ざりやすくなります．

ここでは構造異性体の関係にあるアルコールとエーテルを比較しながら，原子と原子の繋がる順序が変わるだけで，化合物の物性が大きく変化することを学びました．構造式によって，その分子がどのような形をしているかだけでなく，どのような性質を示すかを予想することができます．

大学の有機化学に登場する化合物の種類は非常に多く，「これは水に溶ける」「これは溶けない」と丸暗記するのは無理です．大事なのは，構造式からその性質を合理的に推測できることです．このような考え方を身につけると，「この化合物を水に溶かしたい」と思ったときに，どのような置換基を導入したらよいかも考えられるようになります．

8.2.2 アルコール，エーテルの極性と溶解度

ここで，アルカン，アルコール，エーテルの性質の違いを整理しましょう．電気陰性度にほとんど違いのない炭素と水素のみからなるアルカンは無極性分子のため，極性溶媒である水にはほとんど溶けません．

一方，無極性のアルキル基に，極性をもつヒドロキシ基が結合したアルコールは，より水に溶けやすくなります．エーテルも酸素原子をもつ極性分子ではありますが，ヒドロキシ基はもたないため，アルコールほどは水に溶けません．

このように，原子がどのような順番で結合しているかによって，化合物の性質はガラリと変わります．その性質の決定に大きく影響しているのが，各原子

の電気陰性度です．

CH_3-CH_2-OH　エタノール　　$CH_3-CH_2-CH_2-CH_2-CH_2-CH_2-OH$　1-ヘキサノール
水への溶解度：自由な割合で混ざり合う　　水への溶解度：0.59（g/100 mL）

図 8.2.2　アルキル基の部分の大きなアルコールは水に溶けにくくなる

最後に，炭素鎖の長さの異なるアルコールの水への溶解度を考えましょう．アルキル基（無極性で水と相性の悪い部分）とヒドロキシ基（極性をもち，水と相性の良い部分）の比を見ます（図 8.2.3（a））．先に見た 1-ブタノールは炭素 4 つのアルキル基に対してヒドロキシ基が 1 つでした．一方，エタノールは炭素 2 つのアルキル基（エチル基）に対してヒドロキシ基が 1 つなので，分子全体に占める極性基の割合が多くなります（図 8.2.3（b））．その結果，水への溶解度は飛躍的に上がり，どのような割合でも水と混ざり合うことができます．一方，炭素 6 つのアルキル基（ヘキシル基）に対してヒドロキシ基が 1 つの 1-ヘキサノールでは，水に溶けにくいアルキル基の割合が大きいので，水に対する溶解度は急激に下がってしまいます．

NOTE エタノールの溶解度は「任意」
お酒の成分であるエタノールの水への溶解度を調べると「任意の割合で混合する」と出てきます．これは，どのような割合でも混ざり合うということです．そのため，お酒の度数は，数 % からほぼ 100% までさまざまなのです．

（a）$CH_3-CH_2-CH_2-CH_2-OH$（$CH_3-CH_2-CH_2-CH_2$：多い，OH：少ない）　（b）CH_3-CH_2-OH（ほぼ同じ）

図 8.2.3　アルキル基とヒドロキシ基の割合が大事

例題 8.2

次の 4 つの化合物を，水への溶解度が高くなる順に並べよう．

（1）CH_3-OH　　（2）$CH_3-CH_2-CH_2-CH_2-CH_2-CH_2-OH$
（3）$CH_3-CH_2-CH_2-CH_2-CH_2-CH_3$　　（4）$CH_3-CH_2-CH_2-O-CH_2-CH_2-CH_3$

8.3 アルコール，エーテルの合成

ここではアルコールとエーテルの合成法について学びます．

キーワード
置換反応，付加反応，還元反応，ウィリアムソンエーテル合成

8.3.1　アルコールの合成

ハロゲン化アルキルの置換反応

7.2 節で見たように，ハロゲン化アルキルを水酸化物イオン（OH^-）と反応させると，アルコールが得られます（図 8.3.1）．

$$CH_3-CH_2-CH_2-Br \xrightarrow{OH^-} CH_3-CH_2-CH_2-OH + Br^-$$

図 8.3.1　置換反応

アルケンへの水付加

5.3 節の「アルケンの反応」では，アルケンへのハロゲン化水素の付加を考えました．同様の方法で，アルケンに水分子を付加させることで，アルコールを合成できます（図 8.3.2）．この際，中性付近では，つまり単にアルケンと水を混ぜるだけでは反応はほとんど進みません．反応を進めるには触媒量（ごく少量）のプロトン（H^+）を加える必要があります．この「ごく少量のプロトン」の役割を見ていきましょう．

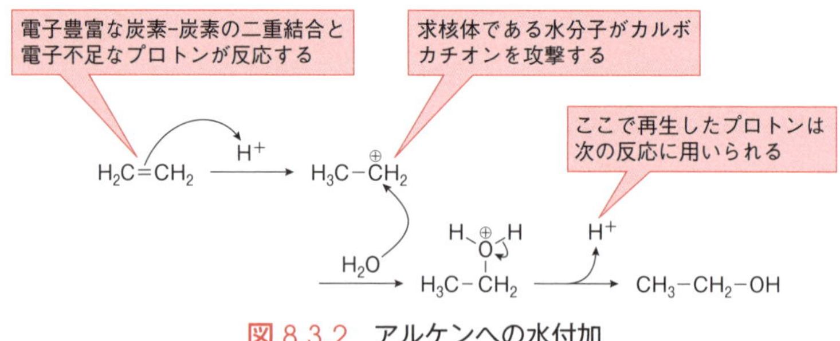

図 8.3.2 アルケンへの水付加

アルケン（ここではエチレン）がプロトンと反応してカルボカチオンができます．ここまでは 5.3 節で見たハロゲン化水素の反応と同じです．生成したカルボカチオンを溶媒である水分子が攻撃します．その結果，「プロトンが結合したアルコール」が得られ，最後にプロトンが脱離してアルコールが生成します．

左右非対称なアルケンにプロトン存在下，水を反応させると，構造異性体の関係にある 2 種類のアルコールの生成が考えられますが，この場合も，マルコフニコフ則（5.3 節）が成り立ちます（図 8.3.3）．

$$H_3C-C(CH_3)=CH_2 \xrightarrow[H_2O]{H^+} H_3C-C(CH_3)(H)-CH_2(OH) \text{（副生成物）}$$

$$H_3C-C(CH_3)=CH_2 \xrightarrow[H_2O]{H^+} H_3C-C(CH_3)(OH)-CH_2(H) \text{（主生成物）}$$

図 8.3.3 主生成物と副生成物

カルボニル化合物の還元

カルボニル化合物を還元してアルコールを得ることもできます．この際，よく使われる試薬として，$NaBH_4$（水素化ホウ素ナトリウム）や $LiAlH_4$（水素化アルミニウムリチウム）があります．見慣れない試薬ですが，これらの試薬はマイナス電荷をもつ H^-（ヒドリドと呼びます）を出すための試薬です．

ホウ素原子（B）やアルミニウム原子（Al）は非常に小さな電気陰性度をもつため，結合した水素原子に負電荷をもたせることができます．生成したヒドリドがカルボニル基の炭素原子を攻撃して還元反応が起こります（図 8.3.4）．

$$H_3C-C(=O)-CH_3 \xrightarrow[(2)\ H_2O]{(1)\ NaBH_4} H_3C-CH(OH)-CH_3 \qquad H_3C-C(=O)-C_2H_5 \xrightarrow[(2)\ H_2O]{(1)\ LiAlH_4} H_3C-CH(OH)-C_2H_5$$

図 8.3.4 カルボニル化合物の還元反応

カルボニル化合物と Grignard 試薬の反応

Grignard（グリニャール）試薬は最も有名な有機金属化合物（金属-炭素結合を含む化合物）でしょう．ハロゲン化アルキルを金属マグネシウムと反応させることで得られます（図 8.3.5）．

$$C_2H_5Br \xrightarrow{Mg} C_2H_5MgBr$$

図 8.3.5 Grignard 試薬の調整法

マグネシウム原子は非常に小さな電気陰性度をもつので，結合したアルキル基に負電荷をもたせることができます．そのため Grignard 試薬のアルキル基は負電荷をもち，カルボニル基の炭素原子と反応してアルコールを生成します（図 8.3.6）．

▶F. A. V. Grignard
1871～1935，フランスの化学者．本文で紹介したグリニャール試薬は有機合成化学の発展に大きな役割を果たした．第一次世界大戦に従軍し，毒ガスの研究に携わった．1912 年ノーベル化学賞受賞．

$$H-C(=O)-H \xrightarrow[(2)\ H_2O]{(1)\ C_2H_5MgBr} H-C(OH)(C_2H_5)-H \text{（1 級アルコール）}$$

$$H_3C-C(=O)-H \xrightarrow[(2)\ H_2O]{(1)\ C_2H_5MgBr} H_3C-C(OH)(C_2H_5)-H \text{（2 級アルコール）}$$

$$H_3C-C(=O)-CH_3 \xrightarrow[(2)\ H_2O]{(1)\ C_2H_5MgBr} H_3C-C(OH)(C_2H_5)-CH_3 \text{（3 級アルコール）}$$

図 8.3.6 カルボニル化合物の Grignard 反応

Grignard 試薬をどのような化合物と反応させるかによって，生成するアルコールの級数が決まります．Grignard 試薬とホルムアルデヒドとの反応で1級アルコール，アルデヒドとの反応で2級アルコール，ケトンとの反応で3級アルコールが得られます．アルコールの級数については，次の8.4節で説明します．

8.3.2 エーテルの合成

▶A. W. Williamson
1824〜1904，イギリスの化学者．伊藤博文や井上馨を含む，多くの日本人留学生を献身的に世話したことでも知られる．その様子は映画『長州ファイブ』にも描かれている．

ウィリアムソンエーテル合成

塩基の存在下でアルコールとハロゲン化アルキルを反応させることでエーテルを合成します（図8.3.7）．

$$CH_3CH_2CH_2OH \xrightarrow{OH^-} CH_3CH_2CH_2O^- \xrightarrow{CH_3CH_2Br} CH_3CH_2CH_2OCH_2CH_3$$

図 8.3.7 ウィリアムソンエーテル合成

第8章から，いろいろな反応が出てくるようになりました．ここで，4.4節で学んだ有機反応の大原則をいくつか思い出しましょう．

- 反応は「分子中の電子の足らないところ」と「電子の余っているところ」で起こる
- 複数の反応経路が考えられる際には，「より安定な生成物ができる方向」に反応は進みやすい

この節で紹介した反応もすべてこのルールに従っています．この2つのルールを頭に入れて「なぜ，ここが反応するのか」「なぜ，この生成物が主に生成するのか」を考えてみてください．繰り返しますが，「もう，よくわからないから丸暗記してしまおう」はお勧めしません．

例題 8.3

次の各反応の生成物（(3) については主生成物）を考えてみよう．

(1) $CH_3-CH_2-Br \xrightarrow{OH^-}$　(2) $CH_3-CH_2-Br \xrightarrow{CH_3O^-}$　(3) $H_3C-CH=CH_2 \xrightarrow[H_2O]{H^+}$

キーワード
アルコールの級数，アルコールはさまざまな反応を起こす，カルボニル化合物への変換，エーテルの反応性は乏しい

8.4 アルコール，エーテルの反応

アルコールとエーテルはそれぞれ酸素原子を含みますが，反応性は大きく異なります．ヒドロキシ基をもつアルコールは多彩な反応を示す一方で，エーテルの反応性は乏しいです．

8.4.1 アルコールの反応

塩基との反応

アルコールのヒドロキシ基の水素原子は，塩基によってプロトン（H^+）として引き抜かれます（酸塩基反応，図 8.4.1）．この反応によって**アルコキシド**（alkoxide，アルコールからプロトンが抜けた後のアニオン）が生成します．アルコキシドはアルコールより強い求核体で，有機合成化学でよく用いられます．

$$CH_3{-}CH_2{-}CH_2{-}OH \xrightarrow{OH^-} CH_3{-}CH_2{-}CH_2{-}O^- + H_2O$$

アルコール　　　　アルコキシド

図 8.4.1 アルコールと塩基の反応

酸化反応

アルコールは第 1 ～ 3 級に分類されます（図 8.4.2）．ヒドロキシ基の結合している炭素原子に 2 個の水素原子が結合しているものが 1 級アルコールです．同様に 1 個の水素原子が結合していれば 2 級アルコール，ヒドロキシ基の結合している炭素原子に水素原子が結合していなければ 3 級アルコールです．

アルコールは酸化剤によって酸化されますが，その生成物はアルコールの級数によって異なります．酸化剤としては，過マンガン酸カリウム（$KMnO_4$）や二クロム酸カリウム（$K_2Cr_2O_7$）などが用いられます．

1 級アルコールは酸化されるとアルデヒドを生成し，さらに酸化されてカル

NOTE アルコールの多彩な反応

アルコールを酸化して得られるアルデヒド，ケトン，カルボン酸については第 9，10 章で詳しく紹介します．カルボン酸はさらに数多くの誘導体に変換できます．これについては第 10 章で紹介します．アルコールはこれら数多くの誘導体を得るために重要な中間体なのです．

```
    H
    |
R—C—OH
    |
    H
```

1 級アルコール（CH_3OH も含む）

```
    R′
    |
R—C—OH
    |
    H
```

2 級アルコール

```
    R′
    |
R—C—OH
    |
    R″
```

3 級アルコール

図 8.4.2 級数によるアルコールの分類

ボン酸になります（図8.4.3）.

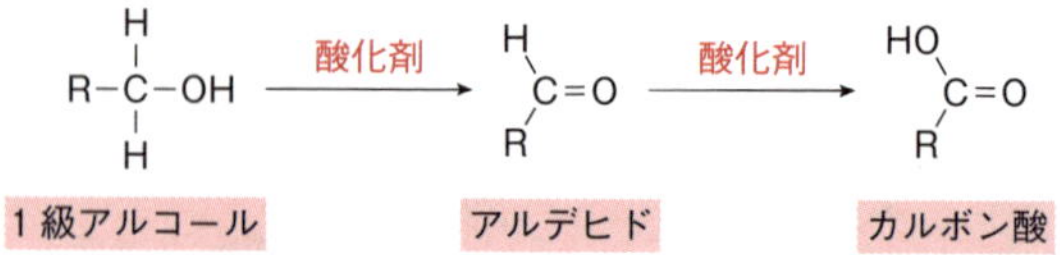

$$R-CH_2-OH \xrightarrow{\text{酸化剤}} R-CHO \xrightarrow{\text{酸化剤}} R-COOH$$

1級アルコール　アルデヒド　カルボン酸

図 8.4.3　1級アルコールの酸化

2級アルコールは酸化されるとケトンを生成しますが，3級アルコールは酸化されません（図8.4.4）.

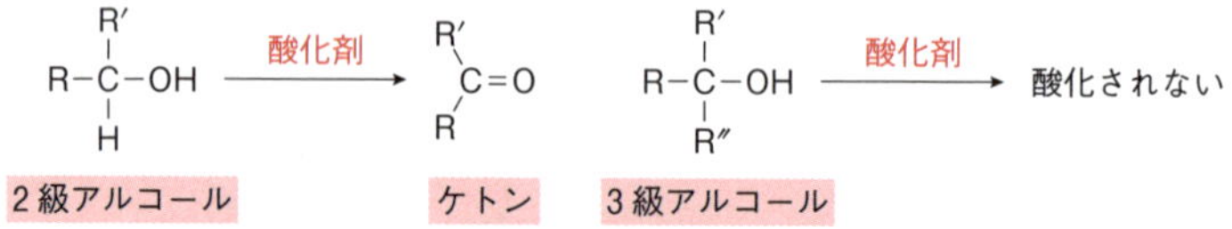

$$R-CH(R')-OH \xrightarrow{\text{酸化剤}} R'-C(=O)-R \qquad R-C(R')(R'')-OH \xrightarrow{\text{酸化剤}} \text{酸化されない}$$

2級アルコール　ケトン　3級アルコール

図 8.4.4　2級，3級アルコールの酸化

エステル化

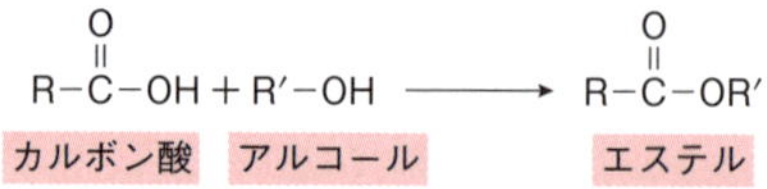

$$R-C(=O)-OH + R'-OH \longrightarrow R-C(=O)-OR'$$

カルボン酸　アルコール　エステル

図 8.4.5　アルコールのエステル化

アルコールはカルボン酸と反応してエステルを与えます（図8.4.5）．エステルは溶剤や香料として使われる重要な化合物グループです．詳しくは第9，10章で説明します．

置換反応

8.3節のアルコールの合成で学んだように，ハロゲン化アルキルと水酸化物イオンを反応させると，アルコールが生成します（図8.4.6）．これは求核性の大きい水酸化物イオンが，脱離しやすい臭化物イオンを追い出したと考えられます．

$$CH_3-CH_2-CH_2-Br \xrightarrow{OH^-} CH_3-CH_2-CH_2-OH + Br^-$$

$$CH_3-CH_2-CH_2-OH \xrightarrow{Br^-} \text{反応しない}$$

図 8.4.6　アルコールの置換反応

一方，アルコールと臭化物イオンを混ぜても置換反応は起こりません．置換反応は求核体の攻撃力と，脱離基のとれやすさの兼ね合いで決まります．この場合は，臭化物イオンの求核性が，水酸化物イオンを追い出せるほど強くないと考えられます．

したがってアルコールの置換反応では「なかなかはずれない水酸化物イオンをはずれやすくする工夫」が必要です．ここではプロトンを用いた方法を説明します．

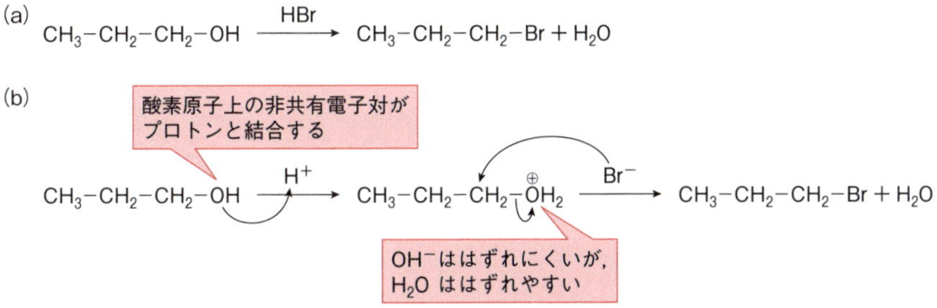

(a)
CH3−CH2−CH2−OH HBr CH3−CH2−CH2−Br + H2O
(b)
酸素原子上の非共有電子対がプロトンと結合する
CH3−CH2−CH2−OH H+ CH3−CH2−CH2−OH2 Br− CH3−CH2−CH2−Br + H2O
OH−ははずれにくいが，H2O ははずれやすい

図 8.4.7 アルコールと臭化水素の反応
(a) 臭化アルキルへの変換，(b) その反応機構．

アルコールを臭化水素（HBr）と反応させると，ハロゲン化アルキルと水が生成します（図 8.4.7（a））．この反応の機構を考えましょう．

まず，アルコールの酸素の非共有電子対がプロトンと結合します（図 8.4.7（b））．これによって，脱離基は OH^- ではなく，H_2O になります．H_2O は取れやすい脱離基なので，Br^- は H_2O を追い出すことができるようになります．

脱離反応

アルコールから水分子を脱離させてアルケンを得る脱水反応を考えましょう．上記の置換反応の場合と同じで，中性付近でアルコールを加熱しても脱水は起こりません（図 8.4.8（a））．

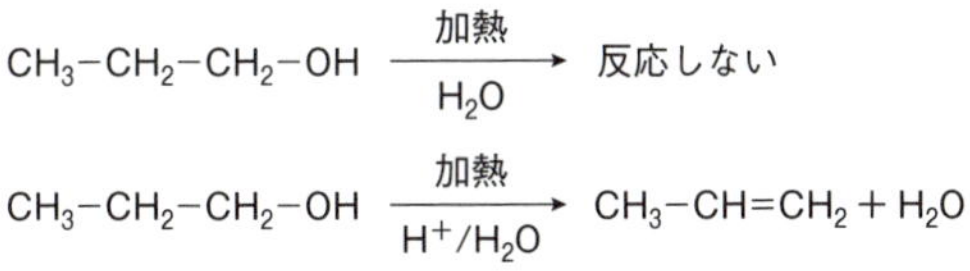

CH3−CH2−CH2−OH 加熱 H2O 反応しない
CH3−CH2−CH2−OH 加熱 H+/H2O CH3−CH=CH2 + H2O

図 8.4.8 アルコールの脱離反応

一方，酸性条件では脱離反応が起こります（図 8.4.8（b））．この反応の機構を考えましょう．

酸素原子上の非共有電子対がプロトンと結合する
溶媒の水が塩基として働く
CH3−CH2−CH2−OH H+ CH3−CH−CH2−OH2 H2O CH3−CH=CH2 + H2O + H3O+
OH−ははずれにくいが，H2O ははずれやすい
アルコールからはずれた水

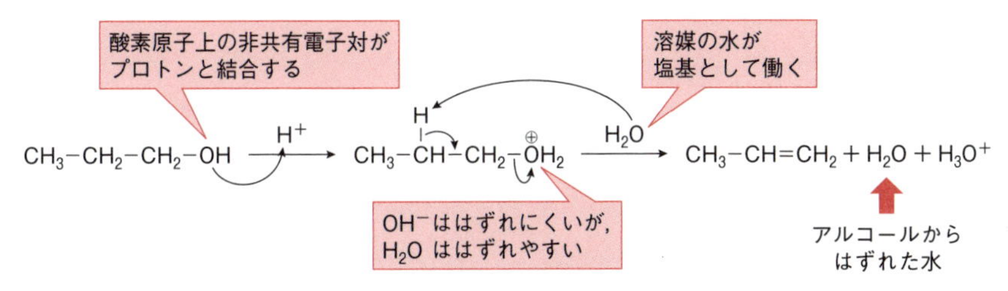

図 8.4.9 アルコールの脱水の反応機構

まず，アルコールの酸素の非共有電子対がプロトンと結合します（図 8.4.9）．ここまではアルコールの置換反応と同じです．次に溶媒の水分子が塩基として働き，アルコールの水素をプロトンとして引き抜きます．プロトンが引き抜かれ，炭素-炭素二重結合が生成し，さらに水分子の脱離が起こります．

8.4.2　エーテルの反応

アルコールに比べて，エーテルは反応性に乏しいですが，この性質を利用して，多くの有機反応で溶媒として用いられています．ここではエーテルの開裂反応を紹介しましょう．

エーテルの開裂

エーテルはヨウ化水素（HI）と反応して，アルコールとヨウ化アルキルを与えます（図 8.4.10）．

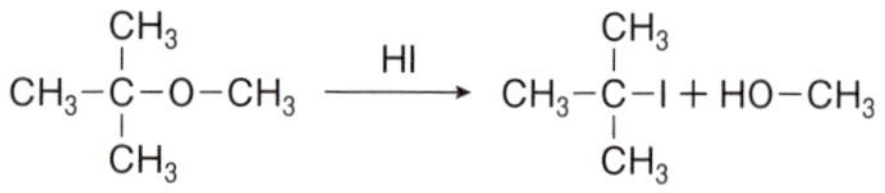

$$(CH_3)_3C{-}O{-}CH_3 \xrightarrow{HI} (CH_3)_3C{-}I + HO{-}CH_3$$

図 8.4.10　エーテルの開裂

鎖状のエーテルは反応性に乏しいですが，酸素原子が環の中に含まれる環状エーテルのいくつかは高い反応性を示します．たとえば三角形の**エポキシド**（epoxide，図 8.4.11）は容易に炭素-酸素結合の開裂が起こります．エポキシドは樹脂や接着剤の原料として重要です．

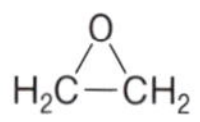

$$H_2C{-}CH_2 \text{（O で架橋した三員環）}$$

図 8.4.11　エポキシドの構造

例題 8.4

次の（1）～（3）のアルコールの級数を決めてみよう．

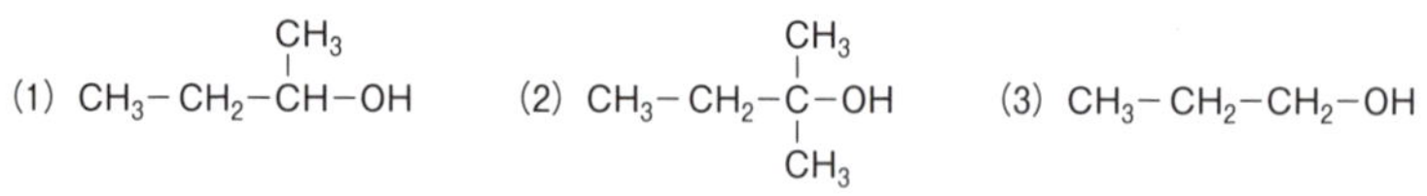

(1) $CH_3{-}CH_2{-}CH(CH_3){-}OH$　(2) $CH_3{-}CH_2{-}C(CH_3)_2{-}OH$　(3) $CH_3{-}CH_2{-}CH_2{-}OH$

9章 アルデヒドとケトン

～この章で学ぶこと～

カルボニル化合物は非常に多くの種類の反応を起こします．それぞれを別々に見ると全く異なるように見えますが，そこにはルールがあります．このルールを理解すれば，なぜその場所で反応が起こるのか，なぜ生成物はそれになるのかを予測できます．この章では，まずカルボニル化合物の分類を学び，さらにそれらのうち，アルデヒドとケトンの命名，反応性について見ていきましょう．

9.1 カルボニル化合物の分類と反応パターン

9.1.1 カルボニル基の分極

カルボニル基（>C=O）をもつ化合物をカルボニル化合物と呼びます（図9.1.1）．カルボニル基からは2本の結合が伸びていますので，ここにさまざまな置換基が結合します．どのような置換基がつくかによって，カルボニル化合物はさらに分類されます．ここでは，Rはアルキル基もしくはアリール基と考えてください．

R−C(=O)−H　アルデヒド　　R−C(=O)−R′　ケトン　　R−C(=O)−OH　カルボン酸　　R−C(=O)−OR′　エステル

R−C(=O)−NR′$_2$　アミド　　R−C(=O)−Cl　酸塩化物　　R−C(=O)−O−C(=O)−R′　酸無水物

図9.1.1　さまざまなカルボニル化合物

キーワード

カルボニル化合物はさらに分類できる，カルボニル基の分極，脱離基の種類によって反応パターンが異なる．

NOTE アリール基

アリール基は芳香族化合物から水素原子を1つ取り除いた置換基です．たとえば，ベンゼンから導かれるフェニル基はアリール基の1つです．

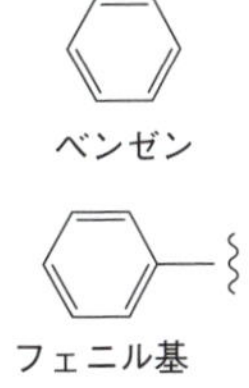

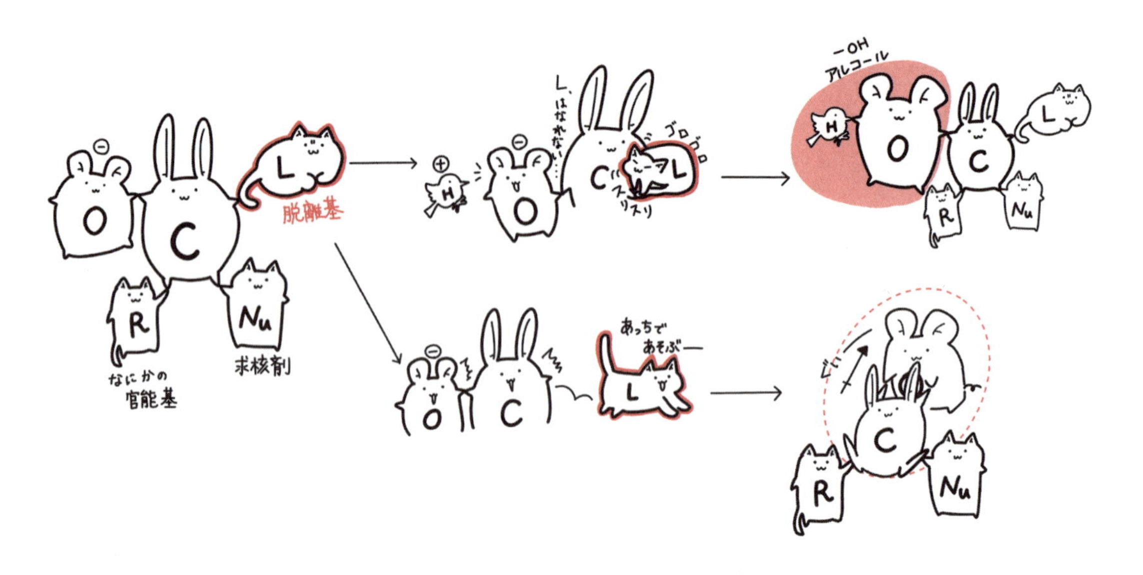

炭素原子と酸素原子の電気陰性度を比較すると，炭素が 2.5 で酸素が 3.5 なので炭素原子のほうが小さいですね．したがって，炭素原子と酸素原子が結ばれたカルボニル基の分極（電子の偏り）を考えると，炭素原子と酸素原子の間で電子（結合電子対）の綱引きが行われ，電気陰性度の大きな酸素原子側に結合電子対が偏ります．その結果，図 9.1.2 のように酸素原子上でわずかに電子密度が上がります．一方，炭素原子上ではわずかに電子密度が下がります．

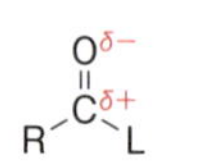

図 9.1.2　カルボニル基の分極

このカルボニル基の分極を理解することが，カルボニル化合物の反応を知る最初の一歩になります．第 4 章でも学んだように，化学反応は「電子の余っているところ」と「電子の足らないところ」が衝突して結合ができるのが基本の考え方です．カルボニル基の炭素原子は，電子が不足している状態ですので，電子が余っている化学種（つまり，求核体）がここを攻撃します．

9.1.2　カルボニル化合物の反応機構

次に，その反応機構を考えてみましょう．求核体を Nu^-（Nucleophile の略）で表します．Nu^- からカルボニル炭素へ曲がった矢印①を描きましょう．この矢印は，求核体とカルボニル炭素の間に結合を作ることを意味します．ただし，このままでは，この炭素原子周りの価電子が 10 個になって，オクテット則（1.2.3 項）に反します．そのため，もらった電子の数だけ，別の電子を手放さないとなりません．これがカルボニル基の結合の立ち上がり（矢印②）になります．ここまで反応を進めると sp^2 混成軌道だったカルボニル炭素は sp^3 混成軌道となり，中間体が得られます．

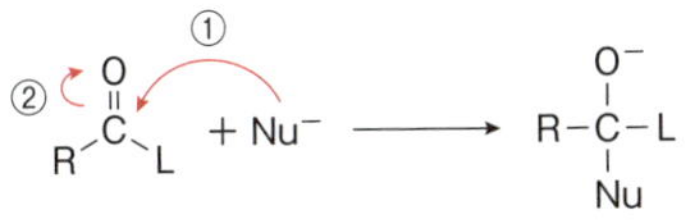

図 9.1.3 カルボニル化合物の反応機構

NOTE L の意味
図 9.1.3 にある L は Leaving Group（脱離基）の略です．ここでは「何らかの取れやすい置換基」と考えてください．

この中間体はこの後，どう反応するでしょう．それはカルボニル炭素に結合していた置換基 L の種類で決まります．1つは，脱離基になる L がなく，カルボニル基は再生できないパターンです（図 9.1.4（a））．この場合，中心の炭素原子は sp^3 混成軌道のままで，酸を添加することで，中間体がプロトンを受け取って，アルコールが生成します．もう1つは，求核体 Nu^- が結合した代わりに L が脱離基として外れて，カルボニル基が再生するパターンです（図 9.1.4（b））．

この章では，L が脱離しにくい置換基の場合を考えます．（L が脱離しやすい置換基の場合の反応は第 10 章で学びます．）アルデヒド・ケトンはカルボニル炭素に水素原子，アルキル基，アリール基などが結合していますが，これらは脱離しにくい置換基です．

(a) L が取れにくい場合（9 章）

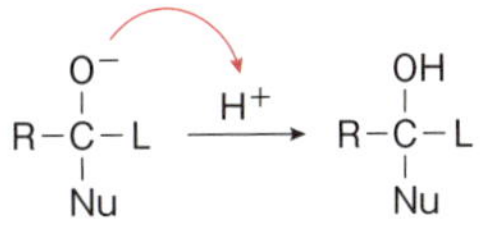

(b) L が取れやすい場合（10 章）

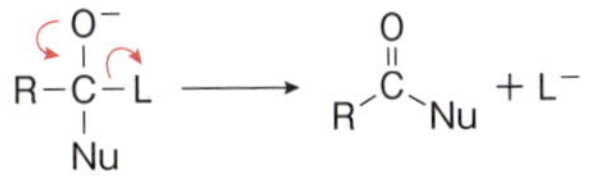

図 9.1.4 カルボニル化合物の反応
(a) 置換基が取れにくい場合，
(b) 取れやすい場合．

例題 9.1

次に示したカルボニル化合物は，アルデヒド，ケトン，カルボン酸，エステル，酸塩化物のどれに分類できるだろうか．

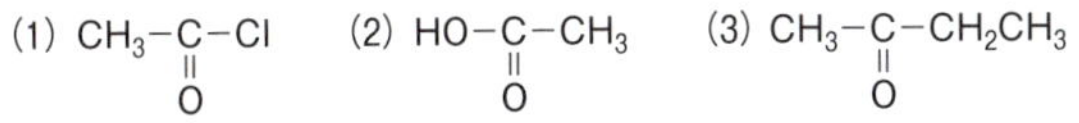

(1) $CH_3-C(=O)-Cl$　(2) $HO-C(=O)-CH_3$　(3) $CH_3-C(=O)-CH_2CH_3$

9.2 アルデヒドとケトンの命名

9.2.1 アルデヒドの命名

この節ではアルデヒドとケトンの命名を学びます．まず，アルデヒド（aldehyde）です．ホルミル基（$-CHO$）をもつ化合物をアルデヒドと呼びます．一般式は $R-CHO$ です．

ここまでにアルカン，アルケン，アルキン，ハロゲン化アルキル，アルコールの命名を学んで来ました．脂肪族化合物の命名の基本的な考え方は，ベースとなる主鎖を決め，その主鎖の何番の位置に置換基や多重結合が入っているかを示すというものでした．ここで学ぶアルデヒドの命名も基本的な考えは同じです．「アルカン主鎖のどの位置に，ホルミル基がついているか」を指定してあげればいいのです．図 9.2.1（a）のアルデヒドを命名してみましょう．

これまでと同様に主鎖を決めます（図の（b））．ホルミル基の炭素原子も主鎖の一部として数えます．間違えがちなので注意しましょう．この化合物の主

キーワード
基本はアルカンの命名，カルボニル基を表す接尾語，アルデヒドとケトンで接尾語が異なる

NOTE アルデヒドの名称
炭素数 1～6 のアルデヒドはそれぞれ，メタナール，エタナール，プロパナール，ブタナール，ペンタナール，ヘキサナールになります．このうち，メタナールとエタナールはそれぞれ，ホルムアルデヒド，アセトアルデヒドの慣用名が広く用いられています．

(a)

$CH_3-CH_2-CH_2-CH_2-C(=O)-H$

(b)

$CH_3-CH_2-CH_2-CH_2-C(=O)-H$ → 主鎖

(c)

$CH_3-CH_2-CH_2-CH_2-C(=O)-H$
5　4　3　2　1

図 9.2.1　アルデヒドの例
(a) 構造式，(b) 主鎖の取り方，(c) 炭素の番号．

鎖は，炭素5つのペンタンであることがわかります．

続いて，「ペンタンの主鎖のどの位置にカルボニル基がついているか」を知るために，主鎖に番号をつけていきます（図の(c)）．分子の右端から番号をつければ，カルボニル基の位置番号が最小になりますね．

ここで，「この化合物はアルデヒドですよ」ということを示すために，主鎖アルカンの語尾を少し変化させます．

炭素数が5個のアルカン：ペンタン（pentane）
炭素数が5個のアルコール：ペンタノール（pentanol）
炭素数が5個のアルデヒド：ペンタナール（pentanal）

アルコールの命名では「アルコール化合物ですよ」ということを示すために，主鎖アルカンの語尾の -e を取って -ol をつけました．同様に，アルデヒドでは，主鎖アルカンの語尾の -e を取って，-al をつけます．よって，ペンタナール（pentanal）が「主鎖の炭素数5つのアルデヒド」を表します．

ここで，「じゃあ，あとはカルボニル基の位置を決めなくちゃ」と思った人は注意深いです．しかし，ここで考えてください．いま，考えているのはアルデヒドなので，官能基はホルミル基です．ホルミル基はカルボニル基に水素原子一つが結合した構造をもちますので，この官能基は分子の末端にしか来ることができません（図 9.2.2）．

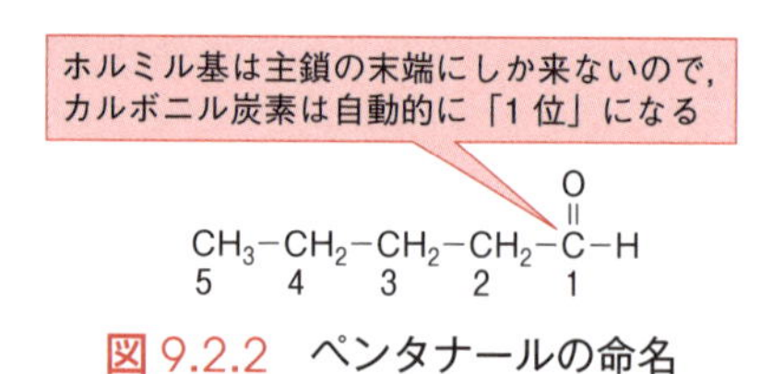

図 9.2.2　ペンタナールの命名

炭素数5のアルコールのペンタノールでは，単に「ペンタノール」と呼ぶだけでは，化合物を特定することはできませんでした．そのため「1-ペンタノール」のようにヒドロキシ基の位置を指定する必要がありましたね．

一方，アルデヒドではホルミル基は主鎖の端っこにしか来ることができないので，ホルミル基の炭素原子が自動的に「1位」と決まります．したがって「1-ペンタナール」のような位置番号は不要で，「ペンタナール」とだけ書けばよいのです．

化合物の命名は長ったらしい場合も多いのですが，「載せなくてもいい情報は載せない」のもルールの1つです．化合物の命名をやっている際に，「あれ，これって番号いるかな？」と迷ったら，「位置番号をつけないと区別できない複数の構造異性体があるかないか」を判断基準にしてください．

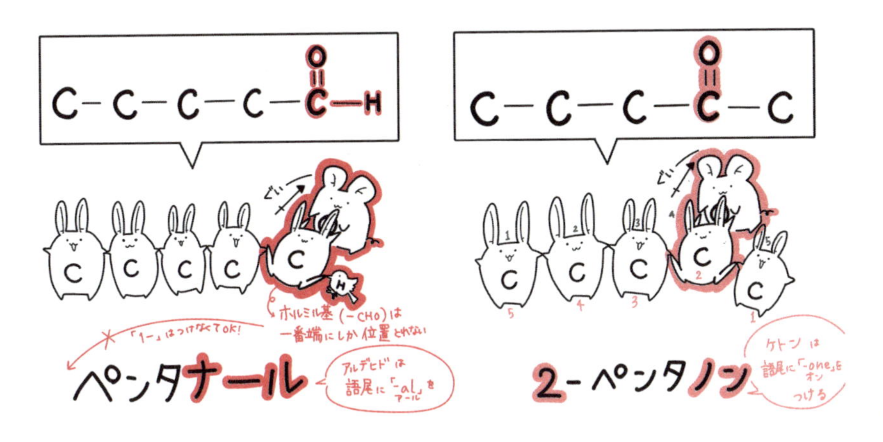

9.2.2 ケトンの命名

続いて，**ケトン**（ketone）の命名です．ケトンの一般式は R−CO−R′ です．カルボニル基を2つのアルキル基（もしくはアリール基）である R, R′ で挟み込んだ構造をもっています．では，図 9.2.3 (a) のケトンを命名してみましょう．

このケトンは，上で考えたペンタナールと構造異性体の関係にあります．まず主鎖を決めましょう．これも主鎖はペンタンですね．続いてカルボニル基の位置を指定するために，ペンタン主鎖に番号を打ちます．ここまではいつもと同じです．

ここで，「この化合物はケトンですよ」ということを示しましょう．これまでに見てきた化合物のグループは，主鎖アルカンの語尾を変化させてどのような官能基がついているかを示してきました．ケトンの場合は，-one を語尾につけてください．したがって，主鎖の炭素数が5個のケトンの名前は「ペンタノン」になります．

炭素数が5個のアルカン：ペンタン（pentane）
炭素数が5個のアルコール：ペンタノール（pentanol）
炭素数が5個のアルデヒド：ペンタナール（pentanal）
炭素数が5個のケトン：ペンタノン（pentanone）

ここまでくればもう一息です．主鎖の炭素数が5個のケトンは2種類存在しますので，位置番号で区別しましょう（図 9.2.4）．

うっかり，ペンタナールを 1-ペンタノンといってしまいそうになりますが，それはケトンではなくアルデヒドです．注意してください．

ここまで何種類かの化合物の命名を見てきましたが，一定の規則を元に命名ルールが作られているのがわかってきたでしょうか．「何か難しそうだから，覚えちゃえ」がいかに無意味であるかがわかってきましたか？

(a)

$$CH_3-CH_2-CH_2-\overset{\displaystyle O}{\overset{\|}{C}}-CH_3$$

(b)

$$CH_3-CH_2-CH_2-\overset{\displaystyle O}{\overset{\|}{C}}-CH_3$$

5　4　3　2　1 → 主鎖

図 9.2.3　ケトンの例
(a) 構造式，(b) 主鎖と炭素の番号．

NOTE ケトンの命名
炭素数3～6のケトンの名前はそれぞれプロパノン，ブタノン，ペンタノン，ヘキサノンです．アルデヒドやケトンの命名に取り掛かる前に，基本骨格となるアルカンおよびアルコールの命名がしっかり理解できていることを確認してください．「これ，どうだっけ？」となったら，理解できるところまで戻って復習しましょう．回り道のように感じるかもしれませんが，これが命名法の理解への最短ルートです．

$$CH_3-CH_2-\overset{\displaystyle O}{\overset{\|}{C}}-CH_2-CH_3$$

3-ペンタノン（ケトン）

$$CH_3-CH_2-CH_2-\overset{\displaystyle O}{\overset{\|}{C}}-CH_3$$

2-ペンタノン（ケトン）

$$CH_3-CH_2-CH_2-CH_2-\overset{\displaystyle O}{\overset{\|}{C}}-H$$

ペンタナール（アルデヒド）

図 9.2.4　ペンタノンの異性体

例題 9.2

次のアルデヒド，ケトンにIUPAC名をつけてみよう．

(1) $CH_3-CH_2-C(=O)-CH_2-CH_2-CH_3$　(2) $CH_3-CH_2-CH_2-CH_2-CH_2-C(=O)-H$

(3) $CH_3-C(=O)-CH_2-CH_2-CH_2-CH_3$

キーワード

1級アルコール，2級アルコール，酸化剤の強さ

9.3 アルデヒドとケトンの合成

この節ではアルデヒドとケトンの合成法について学びます．アルデヒドもケトンもアルコールの酸化によって得ることができます．アルデヒド，ケトンのいずれができるかは出発物質のアルコールの級数で決まります．

9.3.1 アルデヒドの合成

NOTE アルコールの酸化剤
長い間，アルコールの酸化にはクロム酸などが使われてきましたが，1級アルコールではカルボン酸まで酸化が進んでしまい，アルデヒドで酸化を止めることが困難でした．E. J. Corey らによって開発された PCC はこの問題を解決しました．しかし，クロムは毒性が高いので，近年はクロムを含んでいないアルコールの酸化剤の開発が進んでいます．

アルデヒドは1級アルコールを酸化することで合成できます．1級アルコールは二段階で酸化され，アルデヒドを経由して，最終的にカルボン酸になります（図 9.3.1）．1級アルコールでは，ヒドロキシ基の結合している炭素原子に2つの水素原子が結合していますが，酸化が進むにつれて，この水素原子が1つずつ減っていきます．

つまり，アルデヒドはまだ酸化される余地があるので，アルデヒドを得るには，この酸化反応の進行をうまくコントロールしなくてはなりません．クロム酸（H_2CrO_4）のような強い酸化剤を用いると，カルボン酸まで酸化が進んでしまいます．

$$CH_3-CH_2-CH_2-OH \longrightarrow \left[CH_3-CH_2-C(=O)-H\right] \xrightarrow{\text{さらに酸化}} CH_3-CH_2-C(=O)-OH$$

1級アルコール　　強い酸化剤だと反応はここで止まらない　　カルボン酸

図 9.3.1　アルコールの酸化反応
強い酸化剤を用いると1級アルコールは二段階で酸化される．

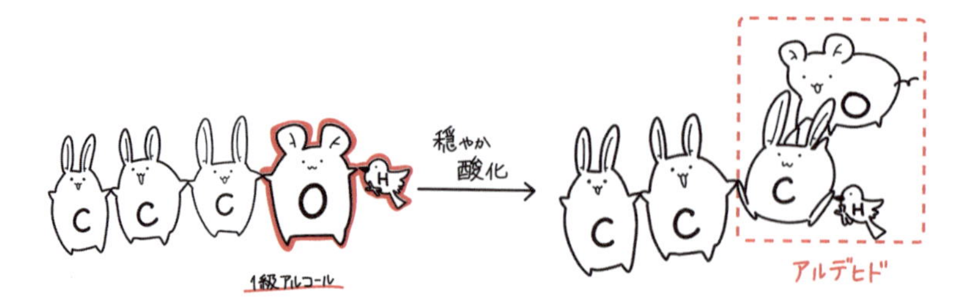

一方，PCC（pyridinium chlorochromate，図 9.3.2）は穏和な酸化剤です．このような穏和な酸化剤を使うことで，カルボン酸まで酸化されずに，アルデヒドを得ることができます（図 9.3.3）．

少し専門的になりますが，PCC は無水（水分子が存在しない）溶媒中で用いることができます．この条件では，アルデヒドからカルボン酸への酸化反応が非常に遅くなるため，アルデヒドの状態で取り出すことができるのです．

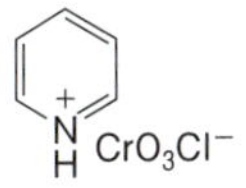

$\text{C}_5\text{H}_5\text{N}^+\text{H}\ \text{CrO}_3\text{Cl}^-$

PCC

図 9.3.2 PCC の構造

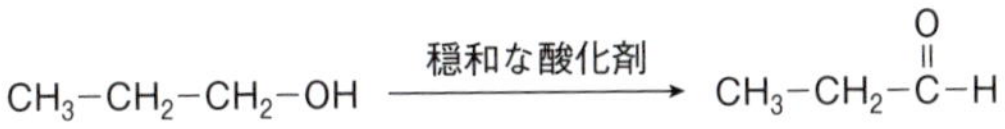

$$CH_3-CH_2-CH_2-OH \xrightarrow{\text{穏和な酸化剤}} CH_3-CH_2-C(=O)-H$$

図 9.3.3 1 級アルコールの穏やかな酸化反応

9.3.2 ケトンの合成

ケトンは 2 級アルコールを酸化することで合成できます．2 級アルコールではヒドロキシ基の結合している炭素原子に 1 つしか水素原子が結合していませんので，2 級アルコールの酸化は一段階でのみ進行します（図 9.3.4）．

$$\underset{\text{2 級アルコール}}{CH_3-CH(OH)-CH_3} \xrightarrow{\text{酸化剤}} CH_3-C(=O)-CH_3$$

図 9.3.4 2 級アルコールの酸化反応

この場合は「反応を途中で止める」ことを考えなくていいので，酸化剤の強弱を区別する必要はありません．

また，3 級アルコールではヒドロキシ基の結合している炭素原子に水素原子が結合していませんので，一般的に酸化はされません（図 9.3.5）．

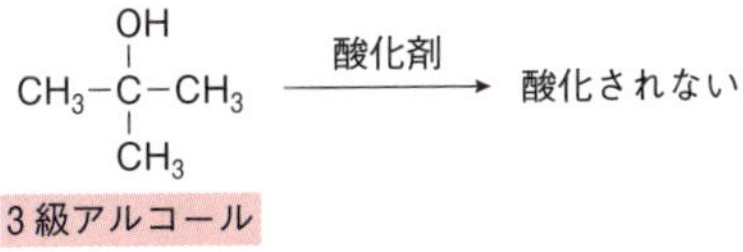

$$\underset{\text{3 級アルコール}}{CH_3-C(OH)(CH_3)-CH_3} \xrightarrow{\text{酸化剤}} \text{酸化されない}$$

図 9.3.5 一般的に 3 級アルコールは酸化されない

例題 9.3

次のアルコールを酸化して得られる生成物の構造を書いてみよう．反応が多段階のときは，各段階の生成物の構造を書こう．酸化されない場合は「×」と解答しよう．

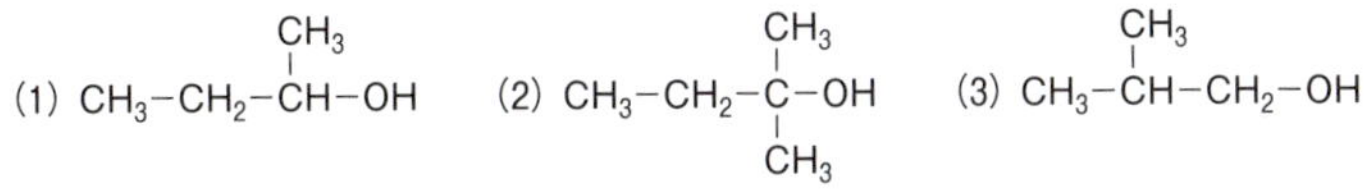

(1) $CH_3-CH_2-CH(CH_3)-OH$　(2) $CH_3-CH_2-C(CH_3)_2-OH$　(3) $CH_3-CH(CH_3)-CH_2-OH$

キーワード

カルボニル基の分極，カルボニル炭素への求核攻撃，取れにくい脱離基

9.4 アルデヒドとケトンの反応

アルデヒドやケトンはさまざまな試薬と反応し，多彩な生成物を与えます．ここまでに何回も書いてきましたが，大事なことなのでもう一度書きます．大学の有機化学の学習では，「この試薬と反応すれば，こういう生成物ができる」と丸暗記はしないでください．とても暗記できる量ではありませんし，もし覚えることができても，有機化学の学習を楽しむことはできません．「なぜ，そこに反応が起こるのか」「なぜ，その生成物ができるのか」を考えれば，「なんだ，全部，同じじゃないか」と思うことができるはずです．

9.4.1 アルデヒド，ケトンと求核剤の反応

アルデヒドとケトンの反応を見ていきます．まずカルボニル基の分極を思い出しましょう（図 9.4.1）．ここでは R はアルキル基，L は水素原子（アルデヒドの場合）もしくはアルキル基（ケトンの場合）です．

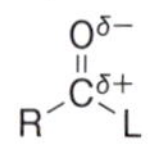

図 9.4.1　カルボニル基の分極

L は脱離基（Leaving group）の頭文字でしたね．ここでもう一度おさらいです．酸素原子は炭素原子よりも電気陰性度が大きいので，カルボニル基では酸素原子はマイナスの，炭素原子はプラスの電荷を帯びています．このため，電子が不足しているカルボニル炭素には電子の余っている試薬，つまり求核剤（Nu^-）が反応しやすくなります（図 9.4.2）．

NOTE　Nu^- の意味
ここでの Nu^- は Nucleophile（求核剤）の頭文字です．求核剤は電子豊富なため，反応する相手の分子の電子の足らないところを狙って攻撃します．カルボニル基の場合は炭素原子が電子不足なため．求核剤はこの炭素原子を攻撃します．

これを思い出しておくと，この後の理解が全く違います．有機化学の反応は，電子の余っているところと，電子の足らないところの間で起こるので，結合の分極，さらに分子中の電子密度の偏りを考えるのは非常に大事です．

まず，電子の余っている Nu^- が電子不足のカルボニル炭素を攻撃して新たな結合ができます．このままではカルボニル基の炭素原子の結合が 5 本になってしまい，オクテット則に反しますので，カルボニル基の結合が酸素上に移動します．その結果，中心の炭素原子から，O^-，R，Nu，L の 4 つが伸びた中間体が生成します．

アルデヒドやケトンでは，R，L が脱離しにくい置換基であるため，この中間体がプロトン H^+ と反応してヒドロキシ基ができます．脱離基 L が取れて，

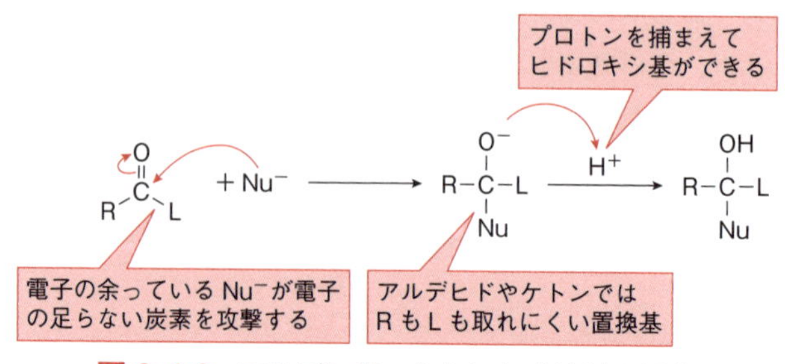

図 9.4.2　アルデヒド，ケトンと求核剤の反応

カルボニル基が再生するカルボン酸誘導体（第 10 章）とは対照的であることを理解しましょう．

これがアルデヒドやケトンへの求核反応の基本パターンです．Nu^- がさまざまに変わりますが，求核剤 Nu^- が生成物のどの位置に取り込まれるかをしっかりと押さえましょう．では，Nu^- にどのような試薬がくるかを見ていきましょう．

9.4.2　Grignard 試薬との反応

8.3 節で学んだように，Grignard 試薬はハロゲン化アルキルを金属マグネシウムと反応させることで得られる重要な試薬です．マグネシウムは非常に小さな電気陰性度をもつため，炭素-マグネシウム結合では，炭素原子がマイナス電荷を帯びます．一方，ハロゲン化アルキルでは，ハロゲン原子の大きな電気陰性度のため，炭素原子がプラス電荷を帯びます．

「なぜ，マグネシウムが必要なのか」「どのような化学種が生成するのか」がわかれば，生成物の予想が楽になります．

> R−Br：R は R^+ として振る舞う
> R−MgBr：R は R^- として振る舞う

アルデヒド，ケトンは Grignard 試薬として反応して，それぞれ 2 級，3 級アルコールを生成します（図 9.4.3）．どのアルキル基が Grignard 試薬由来かをしっかりと押さえてください．

(a) $H_3C-CHO \xrightarrow[(2)\ H_2O]{(1)\ C_2H_5MgBr} H_3C-CH(OH)-C_2H_5$

(b) $H_3C-CO-CH_3 \xrightarrow[(2)\ H_2O]{(1)\ C_2H_5MgBr} H_3C-C(OH)(C_2H_5)-CH_3$

図 9.4.3　アルデヒド，ケトンの Grignard 反応
(a) アルデヒド，(b) ケトン．

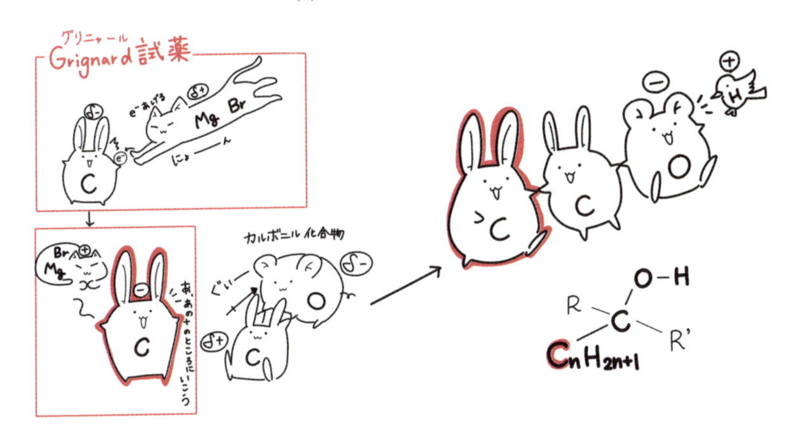

9.4.3 ヒドリド還元剤との反応

これも8.3節で学んだように $NaBH_4$（水素化ホウ素ナトリウム）や $LiAlH_4$（水素化アルミニウムリチウム）のような試薬はヒドリド（H^-）を出す試薬です．一方，HClや H_2O からはプロトン（H^+）が出ます．水素原子がどのような原子に結合しているのか，また電気陰性度の大小はどうなのかに注意しましょう．

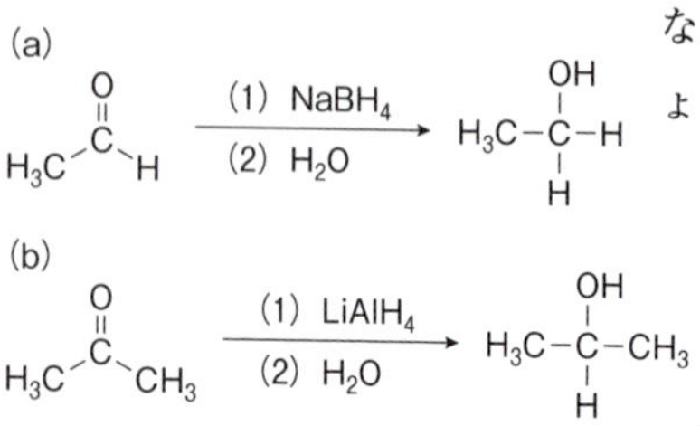

HCl，H_2O：H は H^+ として振る舞う
$NaBH_4$，$LiAlH_4$：H は H^- として振る舞う

(a) CH_3CHO —(1) $NaBH_4$ (2) H_2O→ $H_3C-CH(OH)-H$

(b) CH_3COCH_3 —(1) $LiAlH_4$ (2) H_2O→ $H_3C-C(OH)(H)-CH_3$

図 9.4.4 アルデヒド，ケトンとヒドリド還元剤との反応
(a) アルデヒド，(b) ケトン．

アルデヒド，ケトンは還元されやすい化合物なので，$NaBH_4$，$LiAlH_4$ のいずれとも反応して，1級，2級アルコールを生成します（図9.4.4）．生成したアルコールのどの水素がヒドリド還元剤由来かをしっかりと押さえてください．

9.4.4 シアン化水素との反応

アルデヒド，ケトンはシアン化水素として反応して，分子内にヒドロキシ基とシアノ基をもつ化合物を生成します．このような化合物を**シアノヒドリン**（cyanohydrin）と呼びます．一見，複雑そうに見えますが，反応機構はGrignard試薬やヒドリド還元剤との反応と同じです（図9.4.5）．CN^- が求核体として働きます．

この節ではケトンやアルデヒドへの求核付加反応を紹介しました．①カルボニル炭素がプラス電荷を帯びているため，ここに求核体 Nu^- が反応しやすいこと，②求核体の攻撃によって，中心の炭素が sp^3 混成軌道をもつ中間体が生成すること，③アルデヒドもしくはケトンではカルボニル基が再生することはなく，プロトンと反応してヒドロキシ基が生成すること，④ Nu^- の種類が変わっても，基本の反応パターンは変わらないこと，をきっちり理解してください．

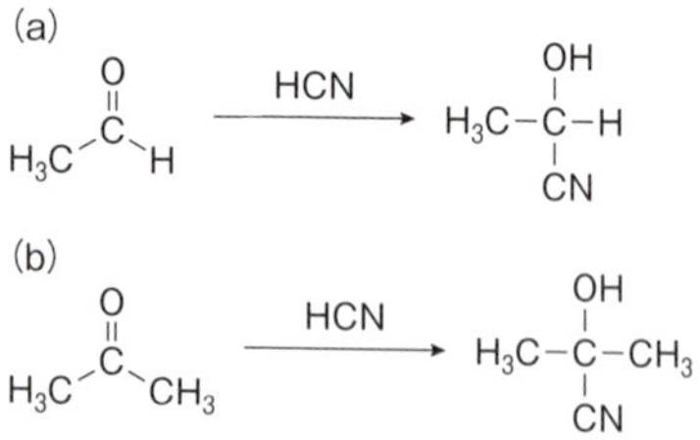

NOTE シアノヒドリン
アルデヒドもしくはケトンから一段階で合成でき，ヒドロキシ基とシアノ基をもつシアノヒドリンは，合成樹脂や殺虫剤，医薬品の製造などに用いられています．

(a) CH_3CHO —HCN→ $H_3C-C(OH)(CN)-H$

(b) CH_3COCH_3 —HCN→ $H_3C-C(OH)(CN)-CH_3$

図 9.4.5 アルデヒド，ケトンとシアン化水素との反応
(a) アルデヒド，(b) ケトン．

例題 9.4

次の反応の生成物の構造を書こう．

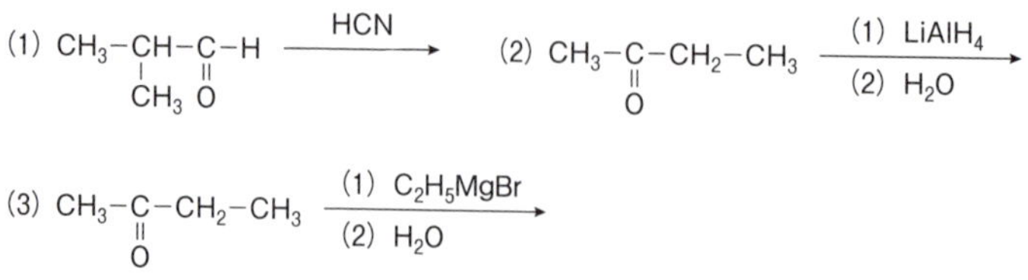

(1) $CH_3-CH(CH_3)-C(=O)-H$ —HCN→

(2) $CH_3-C(=O)-CH_2-CH_3$ —(1) $LiAlH_4$ (2) H_2O→

(3) $CH_3-C(=O)-CH_2-CH_3$ —(1) C_2H_5MgBr (2) H_2O→

10章 カルボン酸およびその誘導体

～この章で学ぶこと～

いよいよ最後の章になりました．この章では，カルボニル化合物の一種であるカルボン酸の命名と反応を学びます．

10.1 カルボン酸とその誘導体の命名

10.1.1 カルボン酸の命名

この項では**カルボン酸**（carboxylic acid）とその誘導体の命名を学びます．まずはカルボン酸です．カルボキシ基（−COOH）をもつ化合物をカルボン酸と呼びます．一般式は R−COOH です．

第9章ではアルデヒドとケトンの命名を紹介しました．カルボン酸の命名もこれらと同じです．「アルカン主鎖のどの位置に，カルボキシ基がついているか」を指定すればよいのです．図 10.1.1 (a) のカルボン酸を命名してみましょう．

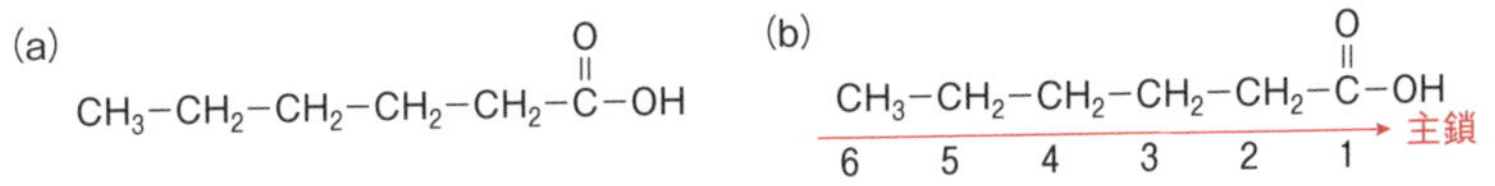

(a) $CH_3-CH_2-CH_2-CH_2-CH_2-C(=O)-OH$

(b) $CH_3-CH_2-CH_2-CH_2-CH_2-C(=O)-OH$
6 5 4 3 2 1 → 主鎖

図 10.1.1 このカルボン酸の例
(a) 構造式，(b) 主鎖の取り方．

まず，これまでの鎖状化合物の命名と同様に主鎖を決めます．アルデヒドの命名と同様に，カルボキシ基の炭素原子も主鎖の一部として数えてください．

キーワード
基本はアルカンの命名，カルボン酸を表す接尾語，エステル，酸塩化物はそれぞれ2つの部分に分けて考える

NOTE カルボン酸
カルボニル基にヒドロキシ基（−OH）が結合した化合物がカルボン酸です．カルボン酸はその名の通り H^+ を放出して酸性を示します．炭素数の少ないカルボン酸は独特の臭気をもちます．

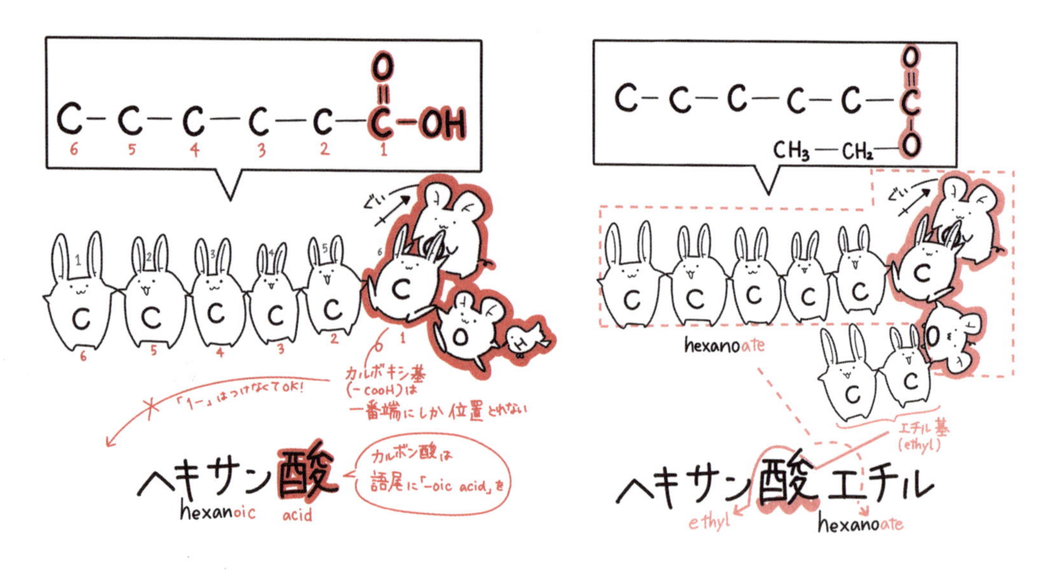

主鎖は炭素6つのヘキサンであることがわかります（図の（b））.

続いて,「ヘキサンの主鎖のどの位置にカルボキシ基がついているか」を決めます．1番の炭素原子にカルボキシ基が付いていますね.

次に「この化合物はカルボン酸ですよ」ということを示すために，主鎖のアルカンの語尾を変化させます（図10.1.2）．アルコールおよびアルデヒドの命名では，主鎖アルカンの語尾の -e を取って，それぞれ -ol，-al を付けました．カルボン酸では,「-oic acid」を付けます．よってこの化合物の名前は hexanoic acid（ヘキサノイック　アシッド）となります．日本語では主鎖のアルカンの名称の後ろに「酸」をつけますので，この化合物は「ヘキサン酸」となります．わかりやすいですね.

$CH_3-CH_2-CH_2-CH_2-CH_2-CH_3$
ヘキサン（アルカン）

$CH_3-CH_2-CH_2-CH_2-CH_2-C(=O)-H$
ヘキサナール（アルデヒド）

$CH_3-CH_2-CH_2-CH_2-CH_2-C(=O)-OH$
ヘキサン酸（カルボン酸）

図 10.1.2　炭素数6のアルカン，アルデヒド，カルボン酸の名前

「最後にカルボキシ基の位置番号を指定しなくては」と考えた人は9.2節を思い出してください．ホルミル基（$-CHO$）と同様に，カルボキシ基は分子の末端にしか来ることができません．「1-ヘキサン酸」のような位置番号は不要で,「ヘキサン酸」と書けば大丈夫なのです（図10.1.3）.

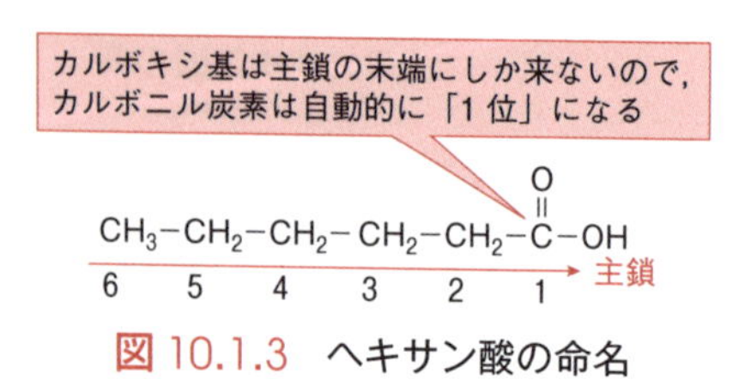

図 10.1.3　ヘキサン酸の命名

10.1.2　エステルの命名

続いて，**エステル**（ester）の命名です．一般式は R−COOR′ です．エステルはカルボン酸 RCOOH とアルコール R′OH との反応で生成します．この反応については 10.4 節で学びます．ここでは，まずは命名法を説明します．図 10.1.4 (a) のエステルを命名してみましょう．

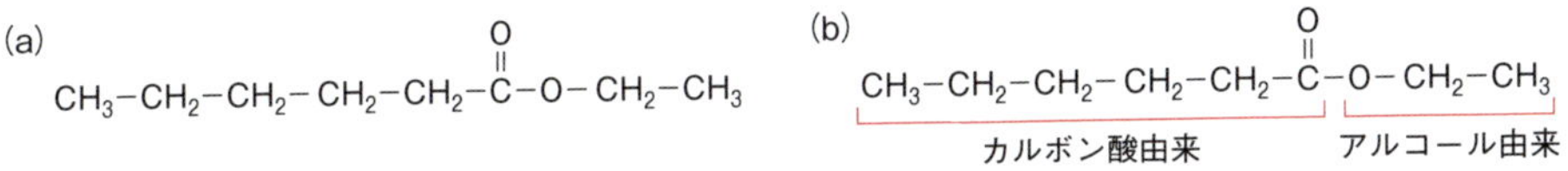

(a)　$CH_3-CH_2-CH_2-CH_2-CH_2-C(=O)-O-CH_2-CH_3$

(b)　$CH_3-CH_2-CH_2-CH_2-CH_2-C(=O)-O-CH_2-CH_3$
カルボン酸由来　アルコール由来

図 10.1.4　エステルの例
(a) 構造式，(b) 由来．

このエステルは，炭素数 6 のカルボン酸と炭素数 2 のアルコールの反応で生成します．

エステルの命名では「どんなカルボン酸と，どんなアルコールが繋がっているか」を考えます．まずカルボン酸は，上で命名したヘキサン酸（hexanoic acid）ですね．次にアルコールは，炭素数 2 のアルコールなのでエタノール（ethanol）です．アルコールの命名法を忘れていたら，8.1 節を復習してください．

まず日本語の命名は「カルボン酸の名前＋アルコール由来のアルキル基の名前」です．したがって，ヘキサン酸にエチル基が結合したこのエステルは「ヘキサン酸エチル」となります．

英語の命名は少し複雑です．図 10.1.5 を見てください．まず，命名の基本となるカルボン酸は hexanoic acid です．ここからカルボキシ基の水素を取り去った残りの部分を hexanoate といいます．また，カルボキシ基のヒドロキシ基を取り去った残りの部分を hexanoyl といいます．

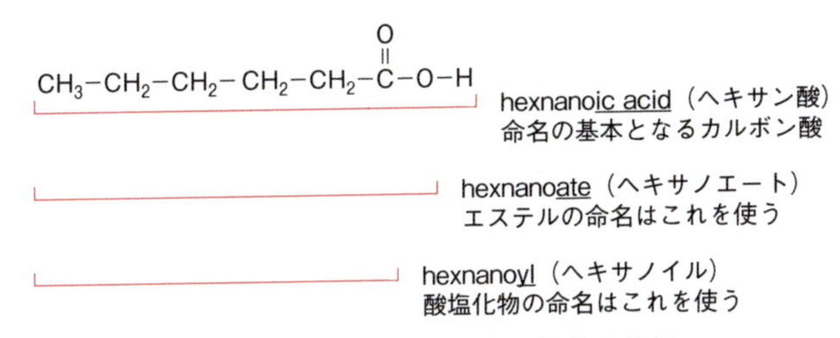

図 10.1.5　ヘキサン酸の部分の名称
どこで区切るかで名前が異なります．

この化合物は hexanoate に ethyl が結合していますので，「ethyl hexanoate」となります．アルコール由来の部分と，カルボン酸由来の部分を書く順が日本語と逆になることに注意してください．

NOTE エステル
カルボニル基にアルコキシ基（−OR）が結合した化合物がエステルです．カルボン酸とは異なり，エステルは中性の化合物です．カルボン酸は悪臭をもつものが多いのに対して，エステルは花や果物のような香りをもつものがたくさんあります．たとえば酢酸ヘキシルは青りんごの香りがします．

10.1.3　酸塩化物の命名

NOTE 酸塩化物
アシル基にクロロ基（−Cl）が結合した化合物が酸塩化物です．酸塩化物はエステルと同様，中性の化合物です．酸塩化物は容易にさまざまな化合物に変換できるので，実験室スケールと工業スケールのいずれでも，合成中間体として非常に重要です．

最後に**酸塩化物**（acid chloride）を命名してみましょう．一般式は R−COCl です．アシル基（RCO−）に塩素原子が結合しています．図 10.1.6 の酸塩化物を命名してみましょう．

(a)
$CH_3-CH_2-CH_2-CH_2-CH_2-C(=O)-Cl$

(b)
$CH_3-CH_2-CH_2-CH_2-CH_2-C(=O)-Cl$
カルボン酸由来のヘキサノイル

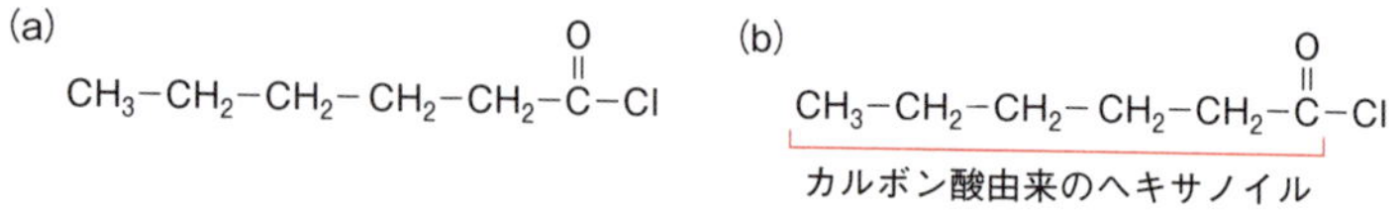

図 10.1.6　酸塩化物の例
(a) 構造式，(b) アシル基．

日本語での命名は「塩化 + アシル基の名前」です．したがって，この化合物は「塩化ヘキサノイル」になります（図の (b)）．日本語では先に「塩化」を書きます．「アシル基であるヘキサノイルに塩素が結合している」という考え方ですね．

一方，英語では「アシル基の名前 + chloride」と命名します．したがって，この化合物は「hexanoyl chloride」になります．

本書で扱う化合物の命名の中では，エステルと酸塩化物が最も複雑でしょう．一見，すごく難しく見えますが，鎖状化合物の命名は必ずアルカンから始まります．どの位置に多重結合や官能基が入っているかを示せば，アルケン，アルコール，カルボン酸などが命名できます．さらに，カルボン酸の一部が置き換わったエステルや酸塩化物は，カルボン酸の名称を基本にすれば簡単に命名できるのです．

例題 10.1

次のカルボン酸誘導体に IUPAC 名をつけてみよう。

(1) $CH_3-CH_2-CH_2-COOH$　(2) $CH_3-CH_2-CH_2-CH_2-COOCH_3$

(3) CH_3-CH_2-COCl

10.2 カルボン酸とエステルの性質

キーワード
カルボキシ基，酸性物質，高沸点，水への高い溶解度

この節ではカルボン酸とその誘導体のさまざまな性質を学びます．カルボン酸は，アルコール，アルデヒド，ケトンと同様に酸素原子を含む化合物ですが，これらとは何が違うのでしょうか．

10.2.1　カルボン酸は酸性を示す

化合物の酸性度を示す指標として，2.3 節で学んだ pK_a が用いられます．

$\mathrm{p}K_\mathrm{a}$の値は，その化合物からどの程度，プロトン（H^+）が外れるかの目安ともいえます．$\mathrm{p}K_\mathrm{a}$の値が小さいほど，その化合物はより強い酸です．ここで，炭素数が同じである次の3つの化合物の酸性度を比較してみましょう．

エタン（CH_3CH_3）：50
エタノール（CH_3CH_2OH）：15.9
酢酸（CH_3COOH）：4.8

エタンの$\mathrm{p}K_\mathrm{a}$は50と非常に大きな値です．このくらい値が大きくなると，事実上，エタンからプロトンH^+は取れません．$\mathrm{p}K_\mathrm{a}$が15.9のエタノールは，ごくわずかですがプロトンを放出します．酢酸とエタノールは，構造は似ているのに$\mathrm{p}K_\mathrm{a}$の値は全く違います．エタノールも酢酸もプロトンとして外れるのは酸素原子に結合した水素原子です．では，なぜこのような違いが出るのでしょうか．エタノールと酢酸の解離の式から考えてみましょう．

$$CH_3CH_2OH \rightleftarrows CH_3CH_2O^- + H^+$$
$$CH_3COOH \rightleftarrows CH_3COO^- + H^+$$

カルボン酸はアルコールよりもH^+の放出が起こりやすい．すなわち右辺に平衡が偏ります．これは共役塩基$CH_3CH_2O^-$とCH_3COO^-の安定性の差によります．カルボン酸はアルコールよりも強い酸で，有機物としては強い酸性を示しますが，代表的な無機の酸である塩酸（$\mathrm{p}K_\mathrm{a} = -3.7$）ほど強くはありません．

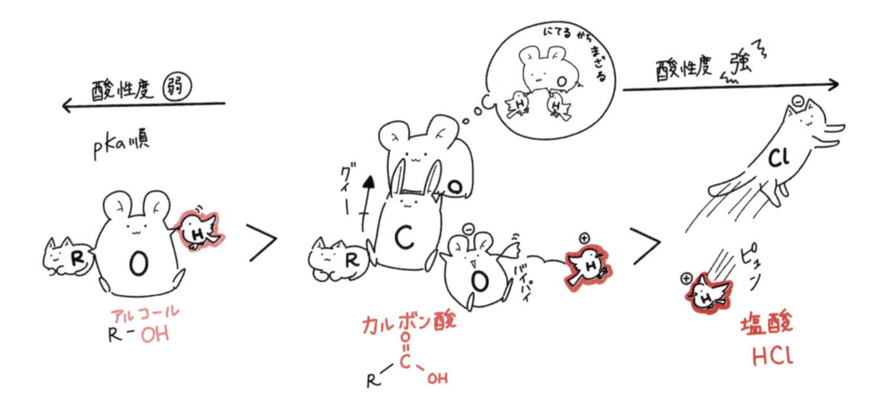

10.2.2 カルボン酸は水に溶けやすい

カルボン酸のカルボキシ基（－COOH）は大きな極性をもつ置換基なので，カルボン酸は水（極性溶媒）に溶けやすくなります．8.2節のアルコールの性質で見たように，化合物の水への溶解度は，無極性の部分と，極性の部分のバランスで決まります．

炭素数1のメチル基に炭素数1のカルボキシ基が結合した酢酸（エタン酸）は任意の割合で水と混ざり合います（図10.2.1）．一方，炭素数5のペンチル基に炭素数1のカルボキシ基が結合したヘキサン酸は酢酸ほど水に溶けません（10.8 g/L）．ただし，無極性分子のヘキサンの水への溶解度は0.01 g/Lなので，カルボキシ基が入れば，水への溶解度が急激に大きくなるのがわかりますね．構造式からこれらを読み取ることができるようになれば，さまざまな性質を予想できるようになります．

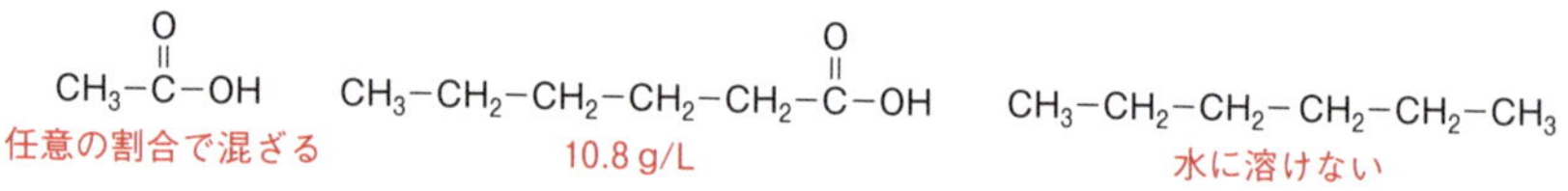

$$CH_3-\overset{\overset{\displaystyle O}{\|}}{C}-OH \qquad CH_3-CH_2-CH_2-CH_2-CH_2-\overset{\overset{\displaystyle O}{\|}}{C}-OH \qquad CH_3-CH_2-CH_2-CH_2-CH_2-CH_3$$

任意の割合で混ざる　10.8 g/L　水に溶けない

図10.2.1　酢酸，ヘキサン酸，ヘキサンの水への溶解度

次はカルボン酸とエステルの水への溶解度を比べてみましょう．ここではヘキサン酸とブタン酸エチルを比較します（図10.2.2）．

この2つはともに$C_6H_{12}O_2$の分子式をもち，構造異性体の関係にあります．つまり含まれている原子の種類と数は全く同じで，原子同士の繋がり方が違うだけです．

上で見たように，ヘキサン酸は水に溶けますが，ブタン酸エチルは水にほとんど溶けません．ヘキサン酸もブタン酸エチルもカルボニル基をもちますが，カルボキシ基はヘキサン酸にしか含まれません．カルボキシ基の中のヒドロキシ基がいかに水との親和性を高めているかがわかりますね．

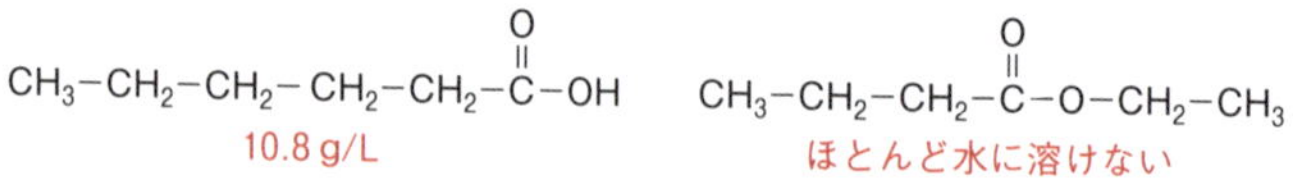

$$CH_3-CH_2-CH_2-CH_2-CH_2-\overset{\overset{\displaystyle O}{\|}}{C}-OH \qquad CH_3-CH_2-CH_2-\overset{\overset{\displaystyle O}{\|}}{C}-O-CH_2-CH_3$$

10.8 g/L　ほとんど水に溶けない

図10.2.2　ヘキサン酸およびブタン酸エチルの水への溶解度

10.2.3　カルボン酸は高い沸点をもつ

2.5節で沸点はどのような要因で決まるのかを学びました．①より重い分子（より分子量が大きい）ほど，②分子と分子の間により大きな分子間力が働いているほど，沸点は上がります．

ここでヘキサン（アルカン）とブタン酸（カルボン酸）を比較しましょう（図10.2.3）．分子量はほとんど同じですが沸点は100℃くらい違います．これはブタン酸二分子の間に図10.2.3（b）のような水素結合が働いていて，これを切断するために大きなエネルギーを必要とするためです．

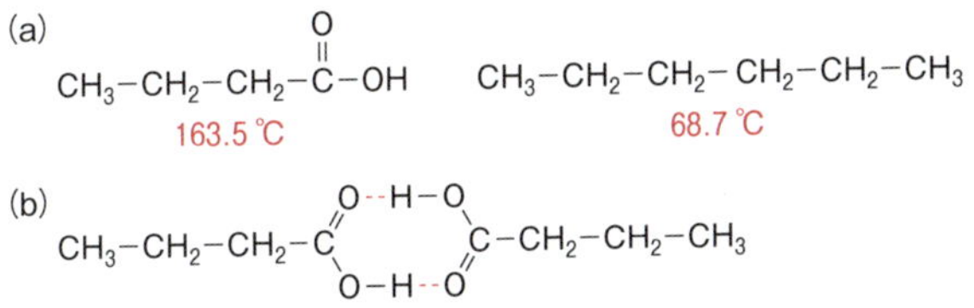

(a)

$CH_3-CH_2-CH_2-C(=O)-OH$　163.5 ℃

$CH_3-CH_2-CH_2-CH_2-CH_2-CH_3$　68.7 ℃

(b)

$CH_3-CH_2-CH_2-C(=O)-O-H\cdots O=C(-O-H\cdots O=)-CH_2-CH_2-CH_3$

図 10.2.3　ヘキサンおよびブタン酸

(a) 沸点，(b) ブタン酸の水素結合.

10.2.4　カルボン酸は臭いのに，エステルはよい匂い

紙の上に印刷された構造式から匂いはしませんが，実際の有機化合物はさまざまな匂いをもっています．たとえば炭素数５～９のアルカンは石油っぽい臭いがします．

カルボン酸はアルキル基の鎖の長さに応じて，さまざまな匂いをもちます．炭素数２の酢酸はお酢の臭いがします．もう少し分子量の大きな炭素数５～７のカルボン酸は，「カルボン酸の匂い」としか描写ができない独特の臭気をもちます．

このように揮発性のカルボン酸はあまりよい匂いがしないのですが，エステルになるとよい香りがします（図 10.2.4）．たとえばブタン酸は臭いのですが，ブタン酸エチルはパイナップルのような果実臭がします．実際，揮発性のエステルには香料として使われているものも少なくありません．

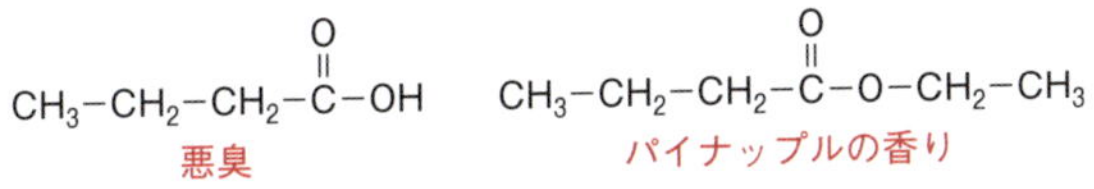

$CH_3-CH_2-CH_2-C(=O)-OH$　悪臭

$CH_3-CH_2-CH_2-C(=O)-O-CH_2-CH_3$　パイナップルの香り

図 10.2.4　ブタン酸およびブタン酸エチルの匂い

また面白いことに，どのような種類のカルボン酸とアルコールを組み合わせるかによって，香りが変わります（図 10.2.5）．こんな分子構造のわずかな変化をわれわれの嗅覚は区別できるわけです．

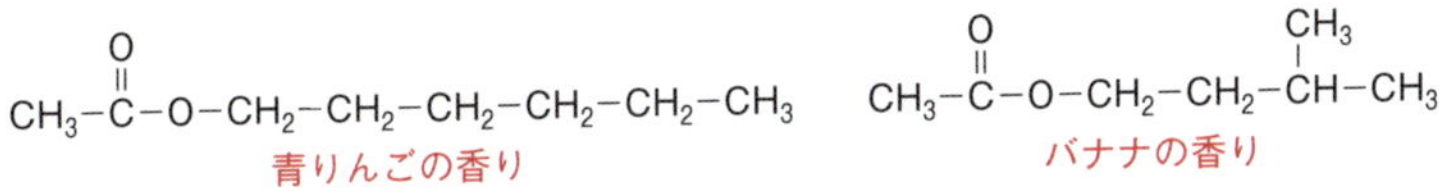

$CH_3-C(=O)-O-CH_2-CH_2-CH_2-CH_2-CH_2-CH_3$　青りんごの香り

$CH_3-C(=O)-O-CH_2-CH_2-CH(CH_3)-CH_3$　バナナの香り

図 10.2.5　酢酸ヘキシルおよび酢酸イソアミルの匂い

カルボン酸とエステルの性質を，アルカンと比較しながら，説明しました．カルボキシ基の有無によって化合物の性質は大きく変化します．

学習を進めると，構造式を見ることで「この官能基をもっているから，こういう物性を示すのでは」と予測できるようになります．これは，さまざまな現象を分子レベルで理解できることを意味しています．

例題 10.2

ブタンとブタン酸を比較してみよう．(1) 沸点がより高いのはどちらだろう．(2) 酸性度がより大きいのはどちらだろう．(3) 水への溶解度が大きいのはどちらだろう．

$CH_3-CH_2-CH_2-CH_3$（ブタン）　　$CH_3-CH_2-CH_2-C(=O)-OH$（ブタン酸）

キーワード
酸化反応，Grignard 反応，加水分解

10.3 カルボン酸の合成

この節ではカルボン酸の合成法について学びます．カルボン酸は重要な合成中間体で，数多くの合成法が知られています．以下に3つの合成法を紹介します．

10.3.1 一級アルコールの酸化

8.4 節でも学んだように，一級アルコールを酸化するとカルボン酸が得られます（図 10.3.1）．

$$CH_3-CH_2-CH_2-OH \xrightarrow{\text{酸化剤}} CH_3-CH_2-C(=O)-OH$$

1級アルコール　→　カルボン酸

図 10.3.1　1級アルコールの酸化反応

10.3.2 トルエンの酸化

トルエンを過マンガンカリウム（$KMnO_4$）のような酸化剤で酸化するとベンゼン環にカルボキシ基が結合した安息香酸が得られます（図 10.3.2 (a)）．

同様にメチル基を2つもつ *o*-キシレンを酸化するとフタル酸が得られます（図 10.3.2（b））.

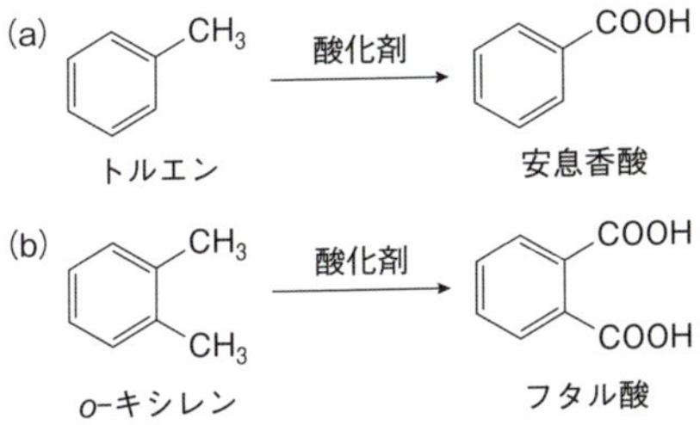

(a) トルエン $\xrightarrow{\text{酸化剤}}$ 安息香酸

(b) *o*-キシレン $\xrightarrow{\text{酸化剤}}$ フタル酸

図 10.3.2 トルエンとキシレンの酸化反応

NOTE 過マンガン酸カリウム
過マンガン酸カリウムは比較的安価で強い酸化力をもつため，実験室および工業レベルのいずれでも広く用いられている.

10.3.3 Grignard 試薬と二酸化炭素

Grignard 試薬をアルデヒドやケトンと反応させると，1～3級のアルコールが生成することは8.2節で学びました．このGrignard 試薬は，カルボン酸の合成にも用いることができます．Grignard 試薬を二酸化炭素と反応させるとカルボン酸が生成します（図 10.3.3）.

$$C_2H_5MgBr \xrightarrow[(2)\ H^+]{(1)\ CO_2} C_2H_5COOH$$

図 10.3.3 Grignard 試薬と二酸化炭素の反応

この際，電子豊富な Grignard 試薬が，二酸化炭素の炭素原子を攻撃します．炭素と酸素の電気陰性度の差を考えれば，この炭素がプラス電荷を帯びていることがわかります.

10.3.4 ニトリルの加水分解

ニトリル（シアノ基（−CN）をもつ化合物）を酸性条件で加水分解するとカルボン酸が得られます（図 10.3.4）.

$$C_2H_5CN \xrightarrow[H_2O]{H^+} C_2H_5COOH$$

図 10.3.4 ニトリルの加水分解

NOTE ニトリル
ニトリルはカルボニル基をもたないが，カルボニル基と同様の反応性を示す．ニトリルは農薬，アクリル繊維，溶剤として広く用いられている.

例題 10.3

次の反応で得られる生成物の構造を書いてみよう.

(1) $CH_3-CH_2-CH(CH_3)-MgBr \xrightarrow[(2)\ H^+]{(1)\ CO_2}$

(2) $CH_3-CH(CH_3)-CH_2-CN \xrightarrow[H_2O]{H^+}$

キーワード

カルボニル基の分極，カルボニル炭素への求核攻撃，取れやすい脱離基，カルボニルの α 水素，クライゼン縮合

10.4 カルボン酸誘導体の反応

10.3 節ではカルボン酸の合成法を学びました．ここではそのカルボン酸をエステル，酸塩化物に変換する方法を学びます．さらにエステル，酸塩化物を出発物質にした反応も紹介します．

10.4.1 カルボン酸誘導体の反応

カルボン酸誘導体（carboxylic acid derivative）と求核体との反応の基本パターンは図 10.4.1 の通りです．求核体 Nu^- が電子不足のカルボニル炭素を攻撃して中間体が生成します．ここまではアルデヒド，ケトンの反応と同じです．カルボン酸誘導体の場合はカルボニル基の再生に伴って，脱離しやすい L が追い出され，置換反応が起こります．

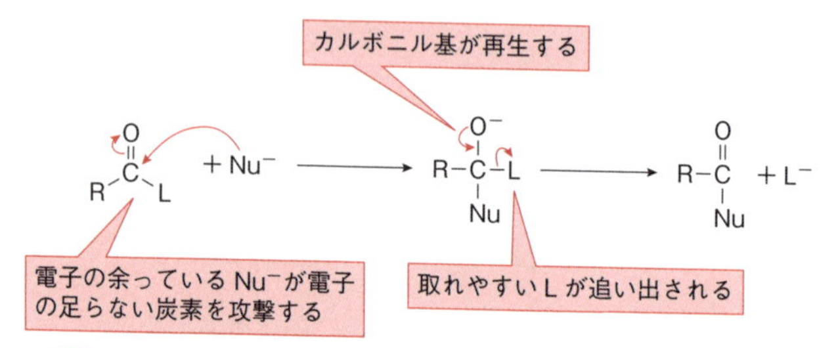

図 10.4.1　カルボン酸誘導体と求核体との反応の機構

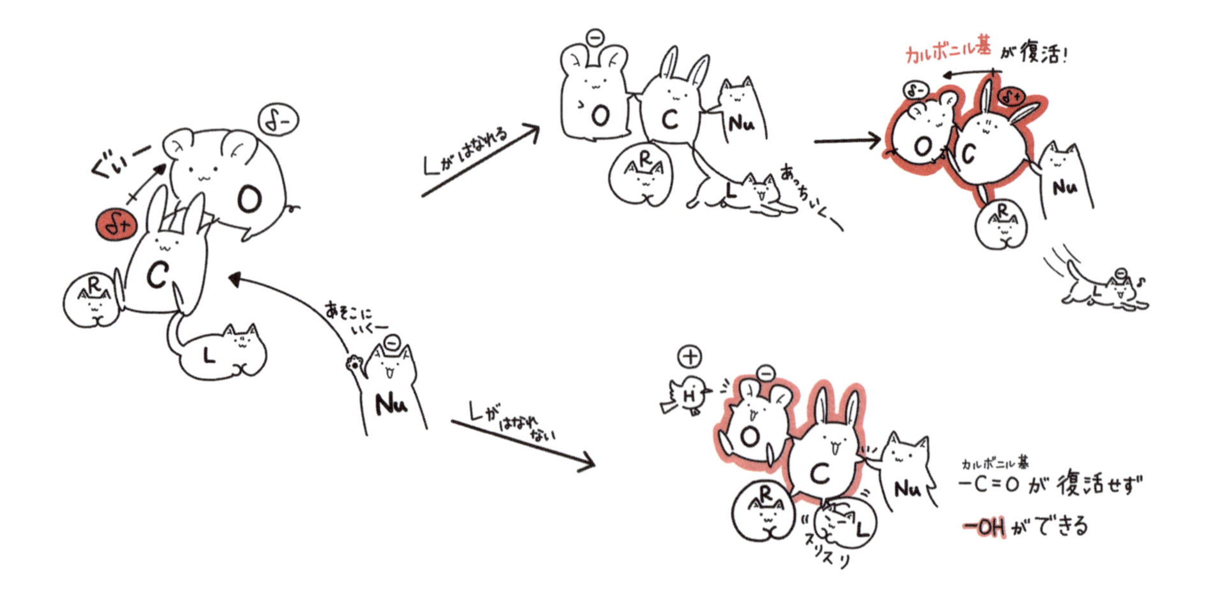

10.4.2 エステルの合成

カルボン酸 RCOOH とアルコール R'OH が反応して，エステルと水が生成します．カルボン酸のヒドロキシ基（−OH）がアルコールのアルコキシ基（−OR）に置き換わります（図 10.4.2）．

$$RCOOH + R'OH \longrightarrow RCOOR' + H_2O$$

図 10.4.2 エステルの生成反応

この反応は中性付近ではほとんど進行しませんが，触媒量（つまり一滴）の酸を加えると反応速度が上がります．この反応におけるプロトン（酸から出てきた H^+）の役割を見ていきましょう（図 10.4.3）．

まず，プロトンがカルボニル酸素（二重結合をもつほうの酸素）に結合します（図の①）．これによって，カルボニル炭素はよりプラス電荷を帯びるようになります（図の②）．つまり求核体は，このカルボニル炭素をより攻撃しやすくなります．これがプロトンの役割です．

アルコール R'OH は求核体としてカルボニル炭素を攻撃し（図の③），カルボニル基の立ち上がりが起こり，中心炭素が sp^3 混成軌道の中間体ができます．プロトン化された位置が変わり（図の④），水分子として取れやすくなります．

続いてカルボニル基の再生，水分子の脱離が起こり（図の⑤），プロトン化されたエステルが生じます．最後にプロトンが外れてエステルができます．ここで生じたプロトンは，次のエステル化反応の最初の段階に用いられます（図の⑥）．これが添加する酸が触媒量でよい理由です．

エステル化の機構は複雑に見えますが，①反応を速めるためにプロトンが必要なこと，②四面体の中間体を経由していること，③エステル化の最後でプロトンがまた出てきて，これは次の反応に使えること，を確実に理解しましょう．

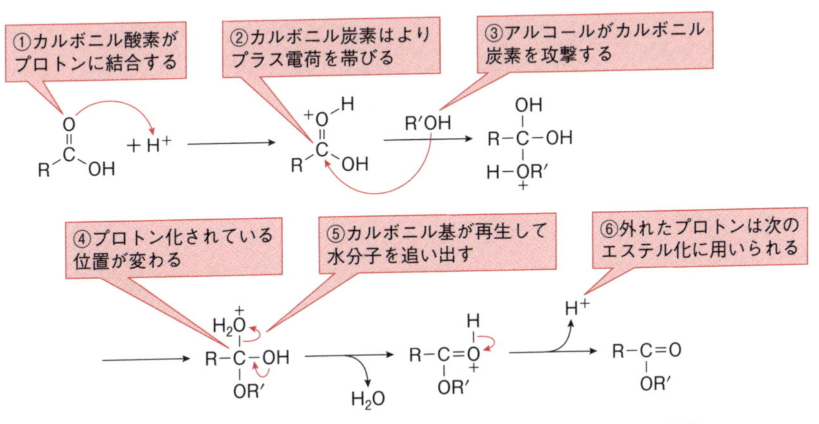

図 10.4.3 プロトン存在下でのエステルの合成の反応機構

10.4.3 エステルのクライゼン縮合

▶**R. L. Claisen**
1851～1930，ドイツの化学者．クライゼン縮合だけでなく，クライゼン転移にもその名が残っている．クライゼン転位は，彼の最後の論文で発表された．

有機合成化学において，炭素-炭素結合を作る反応は非常に重要です．すでに学んだGrignard試薬は，100年以上前に発見されたものですが，現在でも第一線で用いられているのは，炭素-炭素結合を容易に作ることができるからです．炭素-炭素結合を作るためには，「電子豊富な炭素」と「電子不足な炭素」を反応させなければなりません．この「電子豊富な炭素」をいかに作るかが炭素-炭素結合の構築のポイントになります．

ここでエステルを用いた炭素-炭素結合の生成反応であるクライゼン縮合を紹介します．クライゼン縮合は塩基（B^-）存在下でエステル2分子を縮合（水やアルコールが脱離して共有結合ができる）させる反応です（図10.4.4）．

ここで炭素-炭素結合ができた

(a)

2R–CH_2–C(=O)–OR′ $\xrightarrow{B^-}$ R–CH_2–C(=O)–CH(R)–C(=O)–OR′ + R′O^-

(b)

R–CH_2–C(=O)–OR′

α水素

図10.4.4 クライゼン縮合
(a) 反応式．2つのエステル分子が繋がる，(b) α水素．

クライゼン縮合を起こすためにはエステル分子のカルボニル基に結合した炭素が水素をもっていなくてはなりません．この位置の水素を「α水素」と呼びます（図10.4.4 (b)）．このα水素は隣のカルボニル基の影響を受けて，プロトンとして取れやすくなっています．

塩基によってこの水素を引き抜けば，炭素原子上にマイナス電荷が生じます．この「電子豊富な炭素原子」を求核体として用いるのです．ちょっと複雑ですが，クライゼン縮合の反応機構を追いかけてみましょう（図10.4.5）．

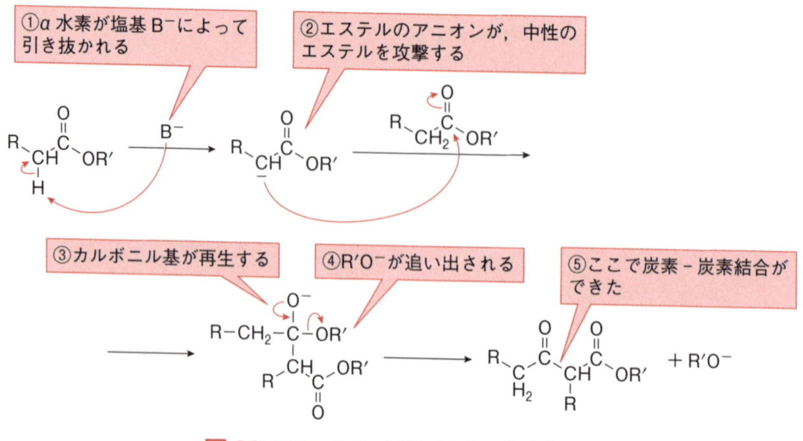

図10.4.5 クライゼン縮合の反応機構

まず，1つめのエステル分子の α 水素が塩基によって引き抜かれます（図の①）．その結果，生じたエステルアニオンが求核体（電子の余ってるほう）になります．ここで，2つめのエステル分子が登場します．この分子のカルボニル炭素は電子不足なので，エステルアニオンがここに求核攻撃をします（図の②）．正四面体の中間体が一度生成し，その後，カルボニル基の再生（図の③）に伴って，最も外れやすい $R'O^-$ が脱離します（図の④）．その結果，新たな炭素-炭素結合をもつ生成物が得られます（図の⑤）．

10.4.4 酸塩化物の合成と反応

カルボン酸を塩化チオニル（$SOCl_2$）もしくは三塩化リン（PCl_3）と反応させることで，酸塩化物が得られます（10.1.3 項を参照）．

$$RCOOH \xrightarrow{SOCl_2} RCOCl \qquad RCOOH \xrightarrow{PCl_3} RCOCl$$

酸塩化物は工業的にも非常に重宝する化合物です．酸塩化物の塩素原子は非常に脱離しやすいので（図 10.4.6），さまざまな求核体と反応して多彩な誘導体を与えるためです．

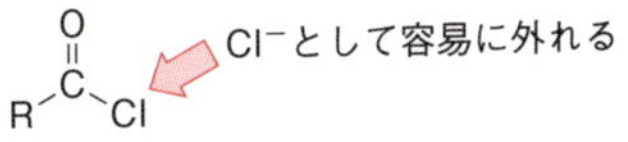

図 10.4.6　酸塩化物

塩素原子が容易に取れる．

酸塩化物はアルコールと反応してエステルを，アミンと反応してアミドを生成します（図 10.4.7）．

$$RCOCl \xrightarrow{R'OH} RCOOR' + HCl \qquad RCOCl \xrightarrow{R'NH_2} RCONHR' + HCl$$

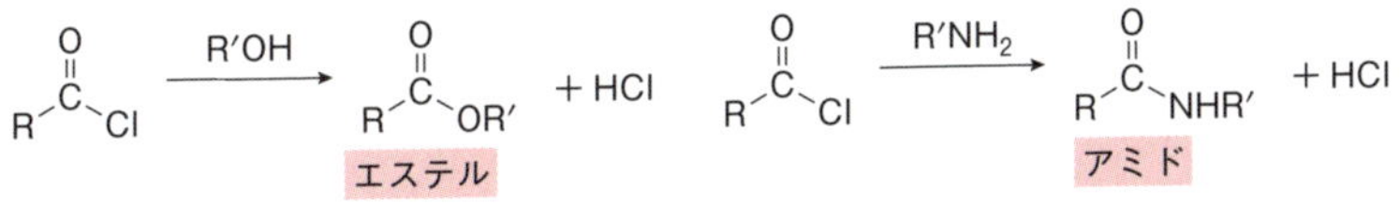

図 10.4.7　酸塩化物の反応

エステルやアミドが合成できる．

NOTE アミド
カルボニル基にアミノ基（$-NH_2$）が結合した化合物がアミドです．馴染みのない化合物かもしれませんが，われわれの体を作っているタンパク質もアミドと同様の結合で成り立っています．

10.4.5 エステル，酸塩化物の Grignard 試薬との反応

9.4 節で Grignard 試薬がアルデヒドもしくはケトンと反応してアルコールを生成することを学びました．エステルもしくは酸塩化物も同様に Grignard 試薬と反応します．一分子のエステルもしくは酸塩化物は，Grignard 試薬二分子と二段階で反応して三級アルコールを生成します（図 10.4.8）．

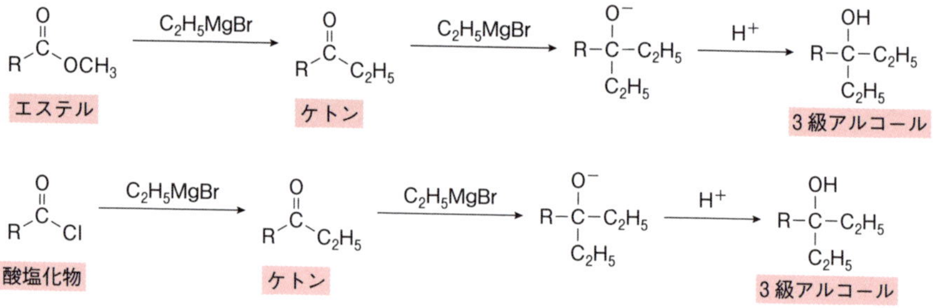

$RCOOCH_3$（エステル） $\xrightarrow{C_2H_5MgBr}$ $RCOC_2H_5$（ケトン） $\xrightarrow{C_2H_5MgBr}$ $R{-}C(O^-)(C_2H_5){-}C_2H_5$ $\xrightarrow{H^+}$ $R{-}C(OH)(C_2H_5){-}C_2H_5$（3 級アルコール）

$RCOCl$（酸塩化物） $\xrightarrow{C_2H_5MgBr}$ $RCOC_2H_5$（ケトン） $\xrightarrow{C_2H_5MgBr}$ $R{-}C(O^-)(C_2H_5){-}C_2H_5$ $\xrightarrow{H^+}$ $R{-}C(OH)(C_2H_5){-}C_2H_5$（3 級アルコール）

図 10.4.8　酸塩化物と Grignard 試薬との反応

ここで一段階目の反応に注目してください．エステル，酸塩化物のいずれを出発物質に選んでも，ケトンが生成しています．それ以降の反応は全く同じです．つまり，エステルの反応と，酸塩化物の反応を別々に丸暗記する必要はありません．

10.4.6　エステル，酸塩化物のヒドリド還元剤との反応

9.4 節ではヒドリド還元剤がアルデヒドもしくはケトンと反応してアルコールを生成することも学びました．エステル，酸塩化物もヒドリド還元剤と反応します（図 10.4.9）．

エステル，酸塩化物の還元には主に $LiAlH_4$ が用いられます．一分子のエステルもしくは酸塩化物は，$LiAlH_4$ 二分子と二段階で反応して三級アルコールを生成します．一段階目の反応でアルデヒドが生じますが，このアルデヒドは $LiAlH_4$ によって容易に還元され，最終的に 1 級アルコールを生成します．

$RCOOCH_3$（エステル） $\xrightarrow{LiAlH_4}$ $RCHO$（アルデヒド） $\xrightarrow{LiAlH_4}$ $R{-}CH_2{-}O^-$ $\xrightarrow{H^+}$ $R{-}CH_2{-}OH$（1 級アルコール）

$RCOCl$（酸塩化物） $\xrightarrow{LiAlH_4}$ $RCHO$（アルデヒド） $\xrightarrow{LiAlH_4}$ $R{-}CH_2{-}O^-$ $\xrightarrow{H^+}$ $R{-}CH_2{-}OH$（1 級アルコール）

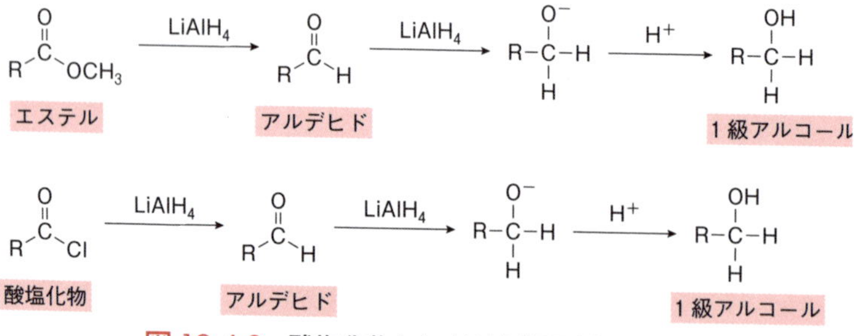

図 10.4.9　酸塩化物とヒドリド還元剤との反応

第 9，10 章では，さまざまなカルボニル化合物の反応を見てきました．反応の種類も多彩で，複雑に見えますが，反応機構を詳細に追っていくと，実はほとんど同じ機構で進んでいることがわかります．①カルボニル炭素に求核体が攻撃すること，②付加もしくは置換反応のどちらが起こるかは，脱離しやすい置換基があるかどうかで決まること，の 2 つを確実に理解してください．

Grignard 試薬やヒドリド還元剤のようななじみの薄い試薬がでてきますが，

これらに含まれているマグネシウム，ホウ素，アルミニウムの電気陰性度を考えれば，これらの試薬の役割を理解することができるでしょう．

例題 10.4

次の反応で得られる生成物の構造を書いてみよう

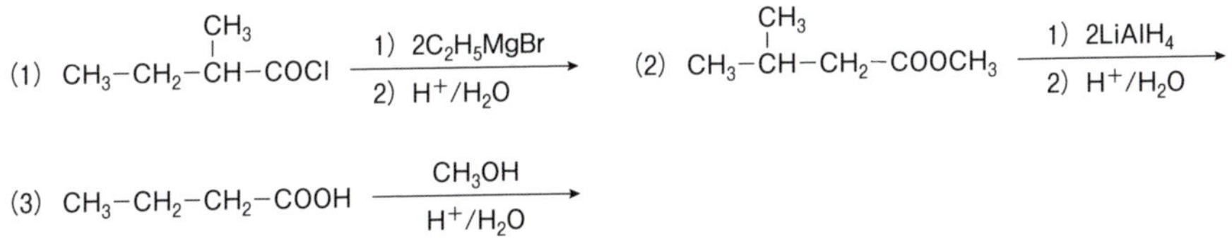

(1) $CH_3-CH_2-CH(CH_3)-COCl \xrightarrow[\text{2) } H^+/H_2O]{\text{1) } 2C_2H_5MgBr}$

(2) $CH_3-CH(CH_3)-CH_2-COOCH_3 \xrightarrow[\text{2) } H^+/H_2O]{\text{1) } 2LiAlH_4}$

(3) $CH_3-CH_2-CH_2-COOH \xrightarrow[H^+/H_2O]{CH_3OH}$

索　引

な

は

ま

や・ら

著者紹介

矢野　将文（やの　まさふみ）

1971年　和歌山県生まれ
1997年　大阪市立大学大学院理学研究科
　　　　博士後期課程中途退学
現　在　関西大学化学生命工学部准教授
専　門　構造有機化学
博士（理学）　1998年大阪市立大学

朝堀　響季（あさほり　ひびき）

1989年　東京都生まれ長崎県育ち
2016年　総合研究大学院大学物理科学研究科構造分子科学専攻
　　　　5年一貫制博士課程（修士号取得）退学
現　在　画家，イラストレーター，デザイナー，国立大学技術職員
専　門　サイエンスイラストレーション，デザイン
修士（理学）　2016年総合研究大学院大学
論文表紙絵，プレスリリース口絵などを複数制作し，活躍中．
ホームページ　https://www.hibikiasahori.com

本書のご感想をお寄せください

トコトンやさしい有機化学

第1版　第1刷　2025年3月31日

著　　　者　矢野　将文
イラスト　朝堀　響季
発 行 者　曽根　良介
編集担当　大林　史彦
発 行 所　㈱化学同人

〒600-8074　京都市下京区仏光寺通柳馬場西入ル
編　集　部　TEL 075-352-3711　FAX 075-352-0371
企画販売部　TEL 075-352-3373　FAX 075-351-8301
振　替　01010-7-5702
e-mail　webmaster@kagakudojin.co.jp
URL　https://www.kagakudojin.co.jp

検印廃止

印刷・製本　創栄図書印刷㈱

ISBN978-4-7598-2398-1